计算机应用技术系列丛书

ASP.NET
动态网站程序设计

荣钦科技　编著

中国铁道出版社有限公司
CHINA RAILWAY PUBLISHING HOUSE CO., LTD.

北京市版权局著作权合同登记　图字：01-2019-0139

内 容 简 介

ASP.NET是一种用来建立以Web为基础的应用程序技术，是动态网页设计人员快速开发复杂、具有高度互动特性网页的基础。全书共分10章，详细讲述了初学者必须了解和掌握的重要知识，内容包括ASP.NET概述、窗体与事件、ASP.NET与C#、调试机制与源设置、基础控件、高级控件、与数据库互动、数据控件——GridView、ADO.NET及实作范例。

本书知识点全面，采用大量的范例进行讲解，可帮助读者快速掌握网页设计的基本技术。

本书适合作为高等职业院校计算机类专业的教材，也可作为动态网站程序开发人员的参考用书。

图书在版编目（CIP）数据

ASP. NET动态网站程序设计/荣钦科技编著. —北京：
中国铁道出版社有限公司，2019.5
（计算机应用技术系列丛书）
ISBN 978-7-113-25571-8

Ⅰ.①A… Ⅱ.①荣… Ⅲ.①网页制作工具-程序设计
Ⅳ.①TP393.092.2

中国版本图书馆CIP数据核字（2019）第035132号

书　　名：ASP.NET 动态网站程序设计
作　　者：荣钦科技

策　　划：汪　敏　　　　　　　　　　　读者热线：（010）63550836
责任编辑：汪　敏　彭立辉
封面设计：张　璐
责任校对：张玉华
责任印制：郭向伟

出版发行：中国铁道出版社有限公司（100054，北京市西城区右安门西街8号）
网　　址：http://www.tdpress.com/51eds/
印　　刷：北京鑫正大印刷有限公司
版　　次：2019年5月第1版　2019年5月第1次印刷
开　　本：787 mm×1 092 mm　1/16　印张：16.5　字数：403 千
印　　数：1～2 000 册
书　　号：ISBN 978-7-113-25571-8
定　　价：42.00 元

前　言

　　ASP.NET 是微软基于 .NET 平台所研发的一种用来建立以 Web 为基础的应用程序技术，它是动态网页设计人员快速开发复杂、高度互动特性网页的基础。

　　ASP.NET 是 .NET 平台开发 Web 应用程序的核心技术，它以面向对象理论为基础建构功能丰富的服务器端动态网页，同时配置服务器控件标签，配合事件驱动机制，克服传统 HTML 标签无法控制后置程序的缺陷，将网页开发设计从静态 HTML 的禁锢中释放出来，从而开发出从逻辑程序代码到网页可视化接口均由后台建构的动态网页。

　　本书详述了各种初学者必须了解的重要知识，包含窗体、事件、控件以及程序的组织，为没有基础的读者提供 ASP.NET 技术入门教学范例，衷心希望读者能够通过本书快速顺利地建立正确观念，掌握基本技术，成为学有专精的 ASP.NET 程序设计人员。

本书内容

　　本书包含了初学 ASP.NET 所需了解的入门关键内容，包括 ASP.NET 的初步认识以及组成 ASP.NET 的各种要素（如控件、后置程序代码、Visual Studio 2015 的项目建立等）、网页关键元素、可视化接口、程序语言特性与数据库技术等。简要列举如下：

　　（1）网页关键元素：说明建构与驱动 ASP.NET 网页的核心技术、窗体与事件机制、网页架构与程序语法。

　　（2）可视化接口：网页建构元素介绍与各种服务器控件的运用。

　　（3）程序语言特性：程序调试机制、网页程序切割、组态文件设置等。

　　（4）数据库技术：ASP.NET 与 ADO.NET 数据库访问技术的整合运用。

章节概要

　　第 1 章　ASP.NET 概述，介绍 ASP.NET 的概念、动态网页技术、如何建立 ASP.NET 网页、后置程序代码与 .NET 平台概念等。

　　第 2 章　窗体与事件，介绍网页窗体的运行（或操作），比较传统 HTML 网页与 ASP.NET 网页窗体的差异，分析窗体元素的架构与基础元素说明，对事件机制与窗体的协同运行（或操作）进行示范，介绍构成窗体的服务器控件。

　　第 3 章　ASP.NET 与 C#，介绍 C# 基本语法入门、结构化的程序设计、类的建立。

第 4 章　调试机制与源设置，内容包括程序错误说明、网页调试技术讨论、简要的组态文件内容讨论。

第 5 章　基础控件，内容包括入门控件的讨论与应用示范（包含一般控件）、作为内容组织的容器控件以及窗体控件等。

第 6 章　高级控件，内容包括高级服务器控件的介绍与实际的运用说明。

第 7 章　与数据库互动，内容包括数据库系统导入、Visual Studio 可视化支持建立数据库功能网页示范、数据控件的讨论与应用。

第 8 章　数据控件——GridView，在第 7 章的基础上，进一步讨论复杂的数据控件 GridView。

第 9 章　ADO.NET，包括 ADO.NET 技术讨论，通过 ADO.NET 访问数据库内容的范例说明，与数据控件的整合应用。

第 10 章　实作范例，介绍如何利用前述章节讨论的技术与数据库功能，操作一个简单的讨论板范例，读者将在本章体验实作一个微型项目的过程，进一步跨越入门的门槛，持续向专业之路迈进。

附录 A　HTML 控件，讨论传统 HTML 标签的对象化设计，对于传统网页的升级，是比较合适的选择。

附录 B　SQL 简介，由于 SQL 技术在数据库领域扮演着相当重要的关键角色，因此这里针对其中的语法细节进行了更详细的说明。

本书适用对象

本书适用于没有网页基础、想要学习利用 ASP.NET 进行动态网页设计的人员。具有 HTML 标签概念的读者，更容易理解本书内容，但是这并非必要，跟随书中所安排的章节内容研读，一个完全没有经验的读者也很容易上手。

如果具备 ASP 或者其他动态网页技术（JSP、PHP）的经验，本书对于读者移转至 ASP.NET 的过程将有一定的帮助，我们衷心希望读者在先前所学的基础上，以一种全新的角度学习 ASP.NET。

由于时间仓促，编者水平有限，书中疏漏与不妥之处在所难免，恳请广大读者提出宝贵意见。

编　者
2019 年 1 月

目 录

C O N T E N T S

第 1 章

ASP.NET 概述

1.1　初探 ASP.NET

网页技术已从最初纯粹展现静态网页的 HTML（Hypertext Markup Language，超文本标记语言），经过不断的演变与进化，由静态的单向呈现转变成具备与服务器互动能力的动态网页。ASP.NET 是微软公司推出的动态网页技术，除了具备服务器端动态网页应有的特性，还进一步导入了面向对象理论设计模型。同时，结合 .NET 强大的应用程序平台，将网页开发技术推向了一个崭新的里程碑。本章从开发工具 Visual Studio 开始，逐步带领读者进入 ASP.NET 世界。

1. 使用 Visual Studio 建立 ASP.NET 网页

开始学习 ASP.NET 之前，首先必须先安装开发工具 Visual Studio。微软提供数种不同的 Visual Studio 版本，如果只是单纯地学习 ASP.NET，可以安装最简单的版本 Express for Web。建议直接安装 Visual Studio Community，这个版本具有完整功能，而且同样是免费的。由于 ASP.NET 牵涉其他相关的技术，因此当需要这些功能时就可以直接在 Community 的环境下开发。下载并安装 Visual Studio Community 以及建立项目的操作步骤如下：

（1）进入 Visual Studio Community 下载页面（https://www.visualstudio.microsoft.com/zh-hans/vs/community/），下载安装文件，如图 1-1 所示。

图 1-1　下载 Community

（2）单击"下载 Community 2015"按钮，下载并运行 vs_community.exe 文件，根据安装提示完成安装操作。Visual Studio 的起始界面如图 1-2 所示。稍候进入正式开发界面，如图 1-3 所示。

图 1-2　Visual Studio Community 2015 起始界面

图 1-3　正式开发界面

（3）ASP.NET 是以"项目"为单位组织网页与程序代码文件，因此必须先建立一个新的项目。选择"文件"→"新建"→"项目"命令，新建项目，如图 1-4 所示。

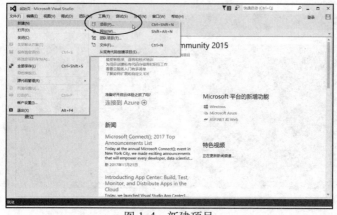

图 1-4　新建项目

（4）在打开的"新建项目"对话框中，展开 Visual C#，选择下方的 Web，选择"ASP.NET Web 应用程序"，在左下方的"名称"文本框，输入所要建立的新项目名称 CH01，在"位置"下拉列表框选择要保存项目的位置，选中右下侧的"为解决方案创建目录"复选框，将项目完整地封装在单一文件夹中以方便管理，如图 1-5 所示。

单击"确定"按钮，进行下一步操作。

图 1-5　设置相关选项

（5）在打开的"新建 ASP.NET 项目"对话框中，单击左上角的 Empty，并选中 Web Forms 复选框，单击"确定"按钮，完成 ASP.NET Web Forms 项目的建立工作，如图 1-6 所示。

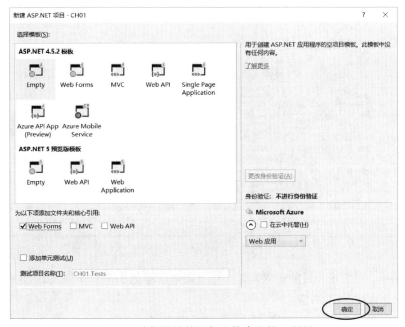

图 1-6　选择模块并添加文件夹和核心引用

(6) 成功建立 CH01 项目后，可以看到编辑器中包含几个不同的选项（见图 1-7），这些选项都可以随意移动、甚至隐藏，其中一开始通常会配置解决方案资源管理器，列举项目内容组织。如果没有看到这个选项，可选择"视图"→"解决方案资源管理器"命令将其打开，如图 1-8 所示。

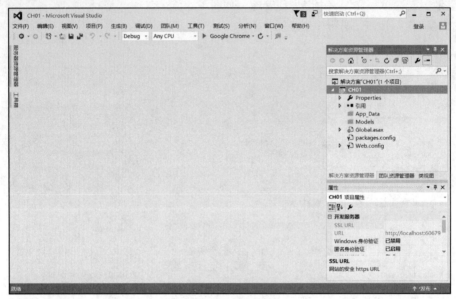

图 1-7　完成项目建立

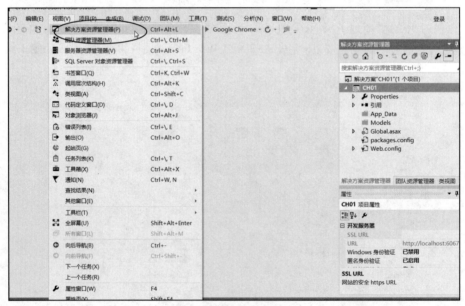

图 1-8　列举项目组织

到目前为止，已完成项目的建立操作，接下来开始建立 ASP.NET 网页。

2. 第一个 ASP.NET 网页

（1）在上述项目中，选择"项目"→"添加新项"命令，如图 1-9 所示。

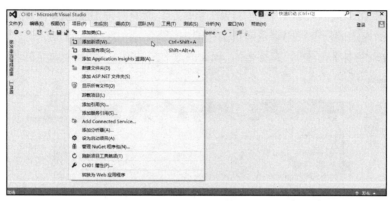

图 1-9　添加新项

（2）在打开的"添加新项"对话框中，选择"Web 窗体"选项，如图 1-10 所示。

图 1-10　选择"Wed 窗体"

（3）在画面下方的"名称"文本框中输入文件名，例如 Hello.aspx，最后单击"添加"按钮，一个新的 Web 窗体文件被加入到项目中，如图 1-11 所示。

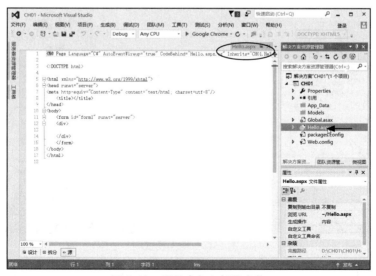

图 1-11　项目中加入新的窗体

回到项目界面，读者可以看到在右边的解决方案资源管理清单中，新建了 Hello.aspx 这个新的文件，而左边的程序代码则是网页文件的内容。

每一个 Web 窗体都是一个扩展名为 .aspx 的文件，并且关联两个同名的程序代码文件。在解决方案资源管理器中将其展开，内容如图 1-12 所示。

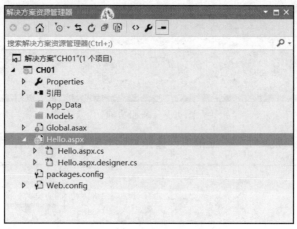

图 1-12　展开 .asp 文件

其中，Hello.aspx 是 Web 窗体文件，负责网页的视觉内容呈现，而其底下的 Hello.aspx.cs，则负责网页运行过程需要的逻辑程序代码。可以打开相关文件查看内容并进行编辑。

（4）切换回至 Hello.aspx，由于这是负责网页的可视化内容呈现，因此可以切换"设计"与"源"两种不同的模式，如图 1-13 所示。

图 1-13　切换模式

（5）单击左下角的"设计"按钮，将其切换至可视化的设计模式窗口，如图 1-14 所示。

图1-14 "设计"模式窗口

在"设计"模式下，可以直接在其中加入构成网页的可视化元素，这些元素都配置在工具箱中，如图1-15所示。

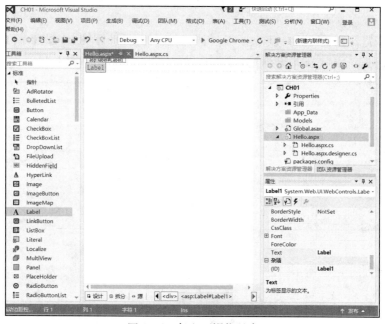

图1-15 加入可视化元素

窗口左边是工具箱区域，其中列举了建构网页所需的各种控件，尝试按住其中的Label控件项将其拖动至中间设计区域中的body范围内（见图1-15）。此时，读者可以看到右下方的"属性"窗口中显示出与此Label控件有关的各种属性列表，用户可以通过此列表设置其相关的特性。一开始最重要的是控件的ID，默认是控件名称加上流水号，例如Label1，用户通过这个ID，利用程序代码对其进行访问。

（6）切换至"源"模式，如图 1-16 所示。

图 1-16　"源"模式窗口

此时会看到在设计视图界面拖动的 Label 控件，在这里自动生成对应的 <asp:Label> 标签，其中的 ID 属性则为上述提及的 Label1。另外，要特别注意其中的 Text 属性，其属性值为 Label，是网页在浏览器呈现的消息正文。

（7）在浏览器查看网页内容单击"运行"按钮，打开计算机上的默认浏览器运行网页，也可以单击右边的下拉按钮展开列表，选取自己习惯的浏览器，如图 1-17 所示。

图 1-17　选择浏览器

运行结果如图 1-18 所示。

图 1-18　运行结果

以上是默认结果，下面尝试修改控件的 Text 属性：

```
<asp:Label ID="Label1" runat="server" Text="Hello"></asp:Label>
```

将原来的 Label 改成 Hello，再一次运行网页，会得到如图 1-19 所示的结果。

图 1-19　修改 Text 属性后的结果

用户可以在"属性"窗口中修改这个值，切换回"设计"模式，可以看到原来标示为 Label 的控件，现在为 Hello，如图 1-20 所示。

图 1-20　查看修改 Text 属性后的控件

在右下方的"属性"窗口，其中的 Text 属性也调整为 Hello。要特别注意的是，如果网页中有超过一个以上的控件，必须点击选取想要操作的控件，"属性"窗口才会显示这个控件的属性列表。

3. 后置程序代码

切换至"源"窗口，最上方有一行程序代码如下：

```
<%@ Page Language="C#" AutoEventWireup="true"
        CodeBehind="Hello.aspx.cs" Inherits="CH01.Hello" %>
```

这一行设置表示 Web 窗体逻辑程序代码关联的后置程序代码文件，CodeBehind 属性值 Hello.aspx.cs 为此后置程序代码文件名，将其打开如下：

```
using System;
using System.Collections.Generic;
using System.Linq;
using System.Web;
using System.Web.UI;
using System.Web.UI.WebControls;
namespace CH01
{
    public partial class Hello : System.Web.UI.Page
```

```
    {
        protected void Page_Load(object sender, EventArgs e)
        {
        }
    }
}
```

后置程序代码是标准的 C# 程序类，其中的 Page_Load 在网页加载完成运行。现在配置内容如下：

```
protected void Page_Load(object sender, EventArgs e)
{
    Label1.Text="CodeBehind 输出消息 … ";
}
```

其中，重设 Label1 的 Text 属性，通过程序代码动态修改网页的内容再进行输出，结果如图 1-21 所示。

图 1-21　重设 Text 属性后的运行结果

在输出结果中可以看到，其中的文字内容已经被改变。

最后，看一下另外一个文件 Hello.aspx.designer.cs，如同其名称，这个文件对应 Web 窗体的设计元素，其代码如图 1-22 所示。

图 1-22　Hello.aspx.designer.cs 文件代码

当用户在网页中配置任何元素时，这里会产生对应的程序代码，而这个文件的内容是不允许修改的，了解其原理即可。

到此为止，完成了初步的 Visual Studio 与 ASP.NET 开发实作示范，用户已经具备了应该有的基础概念，下面讨论相关的技术细节。

1.2　HTML 网页与 ASP.NET

　　HTML 是最初的网页建构技术，以标签的形式架构网页，并且由浏览器进行解释。HTML 只能预先配置好网页内容，当用户通过网址请求一个 HTML 网页时，相关的 HTML 文件直接通过网络传送至浏览器以提供各类信息。

　　ASP.NET 在 HTML 的基础上扩充了其内容，以后置程序代码支持程序化的访问能力，通过 C# 建立网页内容，再送到前端浏览器查看。

　　回到前一节讨论的范例网页并且再次运行，在浏览器中呈现网页的区域右击弹出快捷菜单，如图 1-23 所示。

图 1-23　右键快捷菜单

　　选择"查看网页源代码"命令，打开网页的源代码，如图 1-24 所示。

图 1-24　网页源代码

　　其中的内容由 HTML 标签与 JavaScript 组成，并没有任何 C# 程序代码。

　　浏览器事实上只能解译 HTML 与 JavaScript，并不认识 C#，而 ASP.NET 负责运行开发人员编写的 C# 程序，并且转换成对应的 HTML 与 JavaScript 再传送至浏览器，经过解译之后成为典型的 HTML 网页。

　　由于 C# 可以进行数据库访问或提供其他服务器服务，因此用 ASP.NET 结合 HTML 网页与 C# 程序建构 Web 窗体类型的文件，可使开发人员建立具有完整功能的现代网页。

无论如何，Web 窗体都是以 HTML 网页为架构而发展，因此在开发的过程中，要同时兼容传统的 HTML 标签。读者只有了解两者之间的差异，才能妥善地运用 ASP.NET 开发网站。

1. HTML 标签与标准控件

HTML 标签没有办法与服务器环境进行沟通，因此 ASP.NET 提供了一套完整的控件让开发人员可以直接通过 C# 进行访问操作。本章一开始的范例中，读者已经看到了实际的应用，为了方便说明，再次回到此范例，将相关的内容比较如下：

```
// Web 窗体 -Hello.aspx
<asp:Label ID="Label1" runat="server" Text="Hello"></asp:Label>

// C#-Hello.aspx.cs
Label1.Text = "CodeBehind 输出消息 … ";
```

当利用 Label 控件建立网页内容时，最后输出的 HTML，在网页呈现的源代码如下：

```
<span id="Label1">CodeBehind 输出消息 … </span>
```

控件 Label 转换成 HTML 的 <span> 标签，如此一来，浏览器才能顺利地将其解释出来。

如果在 Web 窗体中直接配置 <span> 标签，C# 并没有办法对其进行访问，只能直接送出给浏览器翻译。若一定要配置传统的 HTML 标签，又希望能够通过 C# 进行访问，就必须将标签的 runat 属性设置为 server，现在修改 Hello.aspx 的内容：

```
<body>
    <form id="form1" runat="server">
    <div>
            <asp:Label ID="Label1" runat="server" Text="Hello"></
            asp:Label><br />
        <span id="xspan">span 标签内容</span><br />
        <span id="sspan" runat="server">span-server 标签内容</span><br />
    </div>
    </form>
</body>
```

其中，添加了两个 <span> 标签，第二个标签设置 runat="server"，因此可以在后置程序代码访问其内容。现在进一步修改后置程序代码：

```
protected void Page_Load(object sender, EventArgs e)
{
    Label1.Text="CodeBehind 输出消息…";
    sspan.InnerText="C# 产生的 span 内容 ";
}
```

这一次针对第二个 <span> 标签进行文字设置，最后输出结果如图 1-25 所示。

图 1-25 代码输出结果

查看输出的网页源代码内容如下：

```
<div>
    <span id="Label1">CodeBehind 输出消息...</span><br />
    <span id="xspan">span 标签内容</span><br />
    <span id="sspan">C# 产生的 span 内容</span><br />
</div>
```

相信读者可以很清楚地理解以上的输出结果，请自行比较其中的差异。

2．Visual Studio 工具箱

Visual Studio 提供了可视化的工具箱，方便开发人员直接以拖动的方式建立所需的各种标签。控件的数量相当多，对于初学者而言，标准控件是首先必须理解的项目。

图 1-26 所示为标准控件，这些控件的内容可以经由 C# 控制，在运行期间转换成对应的 HTML 标签；图 1-27 所示为纯粹的 HTML 标签，可以通过 runat 属性设置将其转换成 C# 互动版本，但是建议直接使用标准控件。

图 1-26　标准控件

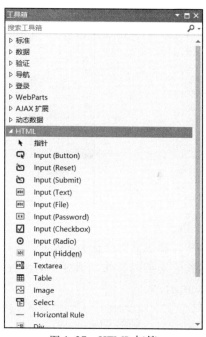

图 1-27　HTML 标签

1.3　HTML 网页与 ASP.NET Web 窗体

ASP.NET Web 窗体技术是为了让网页与服务器环境互动而发展出来的，以此种技术所开发的网页因用户在浏览器的操作而产生不同的变化，并以 .aspx 为扩展名。而传统网页以 .html 为扩展名，两者最大的差别在于 C# 程序化控制。另外，如果不需要服务器的资源，可以直接建立传统的网页，方法是选择"项目"→"添加新项"命令打开"添加新项"对话框，如图 1-28 所示 。

图 1-28 "添加新项"对话框

输入想要建立的文件名，单击"添加"按钮，在解决方案资源管理器中，完成 HTML 网页的建立操作，如图 1-29 所示。

图 1-29　完成 HTML 网页的建立

其中，新建立的文件 Hello.html 为传统的 HTML 网页，以 .html 为扩展名，它并没有后置程序代码之类的文件，相对于 Web 窗体，只有单一文件，现在切换至内容编辑画面，如图 1-30 所示。

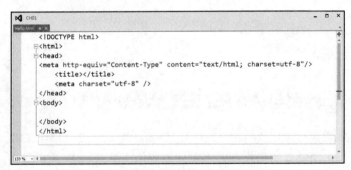

图 1-30　内容编辑页面

读者可以看到其中是标准的 HTML 网页文件标签。

实际在线运行的 ASP.NET 项目通常相当复杂，因为各种目的会同时混杂不同格式的文件，因此除了 Web 窗体，了解传统的 HTML 网页也非常重要。

1.4 .NET Framework 的开发架构

Web 窗体以 HTML 网页为基础，结合 C# 程序语言建构网络系统需要的各种功能，背后则由 .NET Framework 提供强大的支持。

.NET Framework 可供多种语言共同开发一整组对象，整个架构以 Web Service，即网络服务为基础，使得以各种不同语言开发的程序，都能成为提供网络服务的一员。

.NET Framework 的运行环境包括以下三部分：

（1）公共语言运行时（Common Language Runtime，CLR）。

（2）.NET 类库。

（3）ASP.NET。

.NET Framework 的开发架构如图 1-31 所示。

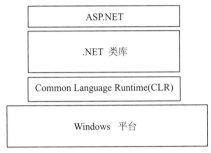

图 1-31　.NET Framework 的开发架构

虽然在 ASP.NET 的开发过程中，并不需要直接接触这些底层的架构，但理解足够的概念对于未来应付大型系统的开发有非常大的帮助，接下来就针对其中几个技术项目概念进行讨论。

公共语言运行时（CLR）：.NET 应用程序运行所需的共同环境，最主要的功能在于各种程序运行机制的管理操作，例如线程、版本与安全控管以及异常处理等。

类库：提供了一群数量庞大，用以建构各种功能应用程序的类 API，它所具有的特性如下：

（1）统一性。

（2）面向对象特性。

（3）多层次架构。

（4）可扩充性。

在 .NET Framework 尚未提出这项共享对象类之前，使用 C++ 语言进行程序设计时，必须用到 MFC 提供的对象类；而使用 VB 语言进行程序设计时，则必须用到 Visual Basic APIs 提供的函数库，这也是各语言无法统一的原因。

共享对象类整合微软目前的各项程序语言，包含本书所使用的 C#，使得不同的程序语言都能在 .NET Framework 的架构上操作，也让不同程序语言间对象的继承、除错程序的互通变为可能。

在设计 Web 应用程序时，ASP.NET 本身则提供了基础架构服务，让程序设计师以较少的程序代码开发程序，使得建立起一个 Web 应用程序变得相对比较简单。

小　结

ASP.NET 提供了应有的对象类，包括基本的 HTML 标签、HTML 控件、Web 控件等，而这些对象类都具有面向对象的特性。需要特别注意的是，这些对象类都在服务器端运行，由服务器端翻译，并以 HTML 格式返回结果至客户端。本章一开始的范例，读者已经体验相关的实作，经过上述讨论，相信读者现在已经具备足够的基本知识，下一章开始将逐步进入 ASP.NET 相关内容的讲解。

习　题

1. 分析以下程序代码：

```
<%@ Page Language="C#" AutoEventWireup="true"
CodeBehind="Hello.aspx.cs" Inherits="CH01.Hello" %>
```

请简述 CodeBehind 的意义。

> 表示后台程序代码，这是分离程序代码的设置，为 Hello.aspx 这个网页文件的相关类别文件名。

2. 在 ASP.NET 环境下，请比较 <asp:Label> 与 <span> 两种标签的关系。

> <asp:Label> 是 Web Form 控件，在编译时会转换成标准的 html 标签，也就是 <span>，然后由浏览器解释并呈现出内容。

3. 简要说明 .aspx 与 .html 两种不同扩展名的文件差异。

> .aspx 是 ASP.NET Web Form 网页文件，必须经过编译才能专换成 html 内容。
>
> .html 是单纯的 HTML 网页文件，可以直接由浏览器解译并且呈现。

4. 请建立一个项目，在浏览器输出 Welcome 信息。

> 可参考 1.1 节的第一个 ASP.NET 项目说明来完成。

5. 简要说明 .NET 类库的作用。

> 可参考 1.4 节的说明。

第 2 章
窗体与事件

2.1　无状态网络应用程序

　　网络是一种主从式的系统架构，服务器端主机提供各种信息服务，客户端浏览器则针对特定服务器提出网页浏览需求，服务器根据客户端的要求进行响应。一般传统的主从架构，服务器端主机与客户端浏览器之间，无论提出要求或做出响应的任何一端，一旦动作结束之后便马上断线，等待下一次的联机作业。传统应用程序的工作方式如图 2-1 所示。

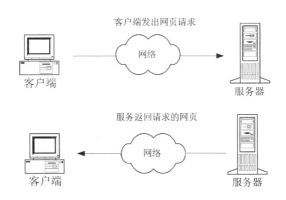

客户端发出网页请求
网络
客户端　　　　　　服务器

服务返回请求的网页
网络
客户端　　　　　　服务器

图 2-1　传统应用程序的工作方式

　　传统的应用程序中，客户端与服务器端之间均随时保持联机，因此资料可以通过联机进行传递；而网页模式的 Web 应用程序，客户端与服务器端之间并没有任何关联，客户端只负责向特定服务器主机提出需求，服务器端则负责响应客户端提出的需求，并且将数据传至客户端。除此之外，两者之间并没有交集，任何客户端可以随时向特定的服务器端主机提出需求，并且取得目的主机的响应信息。

　　Web 无状态的特性，使数据无法有效地在服务器端和客户端之间进行传递，客户端无法将数据传送至服务器端，服务器也无法根据客户端的需求，实时提供有效的信息，如此一来，网页除了作为基本的数据展示之外，很难有其他的用途。

　　若是 Web 应用程序仅能提供网页的展示服务，全球信息网就不会发展得如此快速。ASP.

NET 这一类结合服务器端程序功能的网页技术突破了以往的限制，依靠窗体与服务器的运行，在客户端以及服务器之间无联机的状态下，完成了两者沟通的目的。

窗体是动态网页运行的核心，本章接下来的内容，将针对这一部分进行详细的说明。用户会看到如何通过窗体取得网页上的各种信息，同时将其返回服务器进行处理。除此之外，用户也将看到如何利用 ASP.NET 特有的事件机制，建立具备高度互动性质的网页类型应用程序。

2.2　窗体要求与响应

Web 应用程序以窗体机制进行客户端计算机与服务器主机的信息交换。窗体是浏览器将数据传送给服务器主机所使用的一种网页元素，由 HTML 标签 <Form></Form> 所组成，这组标签在网页上形成一块区域，用特定字段配置搜集用户输入的数据，传送到 Web 服务器进一步进行处理，处理过程如图 2-2 所示。

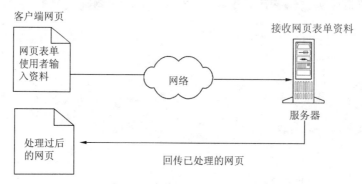

图 2-2　窗体要求与响应过程

窗体是浏览器与服务器端主机之间的沟通桥梁，因此建构动态网页的第一件事便是在网页上插入一组窗体标签，建立窗体区域。例如，当用户建立一个新的 Web 窗体文件时，会看到以下的默认内容：

```
<%@ Page Language="C#" AutoEventWireup="true"
        CodeBehind="myform.aspx.cs" Inherits="CH02.myform" %>
<!DOCTYPE html>
<html xmlns="http://www.w3.org/1999/xhtml">
<head runat="server">
<meta http-equiv="Content-Type" content="text/html; charset=utf-8"/>
<title></title>
</head>
<body>
<form id="form1" runat="server">
<div>

</div>
</form>
</body>
</html>
```

其中，id 为标签的识别名称，接下来必须将所有的控件配置在其中，以顺利建构 Web 应用程序。

1. Response 与 Request

ASP.NET 提供了几个重要的默认对象，其中的 Response 和 Request 与窗体有很密切的关系，下面就针对这两个对象进行相关探讨，其他则留待后续章节进行说明。

（1）Response：响应客户端浏览器提出的要求，建立网页内容，并且将其返回至客户端。

（2）Request：与 Response 对象进行反向操作，这个对象用于取得客户端的数据内容，例如用户在网页上输入的各种信息。

图 2-3 所示为 Response 与 Request 对象在网络架构下所扮演的角色，服务器端由 Request 对象取得客户端的数据内容，并且通过 Response 对象针对提出要求的客户端做出响应。

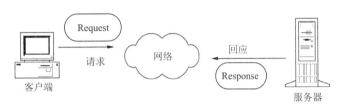

图 2-3　Response 与 Request 的作用

Response 与 Request 是网页最重要的两个对象，服务器端与客户端之间的沟通完全依赖这两个对象进行处理。但事实上 ASP.NET 已经避免直接使用此种模式的数据传输方式，但是了解如何在动态网页当中使用这些对象，依然是学习 ASP.NET 相当重要的基础。

2. Request 对象与数据读取

Request 对象包含了客户端的用户提出服务要求时（浏览一个特定的网页、下载一份文档等），对服务器传送的所有信息内容，其中包含了用户在窗体输入的数据、用户的计算机与浏览器信息等。通过这个对象，服务器取得所需的信息，进一步处理用户在客户端所提出的要求。

Request 对象有两个非常重要的属性：Form 与 QueryString，用来取得用户在窗体上输入的数据内容。

（1）Form：当 <form> 标签的 method 属性设为 Post 时，取得窗体所有域值的集合对象。

（2）QueryString：当 <form> 标签的 method 属性设为 Get 时，取得窗体所有域值的集合对象，集合的内容由合并在 URL 网址栏字符串后面的 key/value 格式数据所组成。

服务器端的网页应用程序根据 method 指示的方法，通过 Form 或者 QueryString 取得窗体内容，经过运算之后返回结果。

引用 Form 或者 QueryString 的属性非常简单，直接以符号 “.” 连接属性名称即可，以下的程序片段用 Form 属性，requestData 是一个数据变量，用来取得 Request 对象所取得的数据内容，fieldname 则是窗体上的一个特定字段，如入输入文本框、选取按钮等。

```
requestData=Request.Form(fieldname)
```

同样，引用 QueryString 的方法如下：

```
requestData=Request.QueryString(fieldname)
```

下面利用两个范例，说明如何通过窗体标签的 method 属性搭配 QueryString 对象，取得窗体上的数据。

【**范例 2-1**】使用 Form 标签。

(1) 建立 Web 窗体 Uform.aspx，在其中配置文本框与按钮，如图 2-4 所示。

图 2-4　建立窗体

(2) 其中涉及不同类型的 <input> 标签，切换至源文件模式如下：

```
<body>
    <form id="Form1" method="post" name="Form1" runat="server">
        <input type="text" id="hello" name="hello" />
        <input type="submit" value=" 欢迎 " />
    </form>
</body>
```

第一个 <input> 标签，其 type 设置为 text，呈现文本框，其 id 设置为 hello；第二个 type 设置为 submit 则是一个传送按钮。下面可以通过 C# 经由 hello 取出用户输入的文字。其后置程序代码如下：

Uform.aspx.cs

```
namespace CH02
{
    public partial class Uform:System.Web.UI.Page
    {
        protected void Page_Load(object sender, EventArgs e)
        {
            if (IsPostBack && Request.Form["hello"].Length>0)
            {
                String message=
                    "Hello ," + Request.Form["hello"]+
                    " 欢迎使用 ASP.NET !";
                Response.Write(message);
            }
        }
    }
}
```

其中的 if 判断式中，如果 IsPostBack 是 true，表示用户单击"欢迎"按钮加载网页，而 Request 对象的 Form 属性指定参数 hello，取得界面中文字字段 hello 文本框的内容，如果长度大于 0，表示用户在其中输入文字。

（3）加上一段欢迎信息字符串，最后引用 Response 对象的 Write() 方法，将数据输出在网页上。

此范例通过引用 Request 对象的属性 Form，取得网页窗体中一个名称为 hello 的文字标签中用户的输入数据，并且将其显示在网页中。

程序运行结果如图 2-5、图 2-6 所示。

图 2-5　输入信息

图 2-6　程序运行结果

下面设计另外一个范例，利用 QueryString 属性取得窗体中文字标签字段的内容，比较另外一种窗体用法的差异。

【范例 2-2】使用 Form 标签——QueryString。

（1）建立一组新的 Web 窗体文件 UqueryString.aspx，配置相同的 HTML 标签，并调整 <form> 标签如下：

```
<body>
    <form id="Form1" method="get" name="Form1"  runat="server">
        <input type="text" id="hello" name="hello"  />
        <input type="submit" value=" 欢迎 " />
    </form>
</body>
```

（2）在 <form> 标签中，设置 method="get" 属性，切换至后置程序代码。

UqueryString.aspx.cs

```
namespace CH02
{
    public partial class UqueryString : System.Web.UI.Page
    {
        protected void Page_Load(object sender, EventArgs e)
        {
            if(IsPostBack && Request.QueryString["hello"].Length > 0)
            {
                String message=
```

```
                    "Hello ," + Request.QueryString["hello"]+
                    " 欢迎使用 ASP.NET !";
                    Response.Write(message);
                }
            }
        }
    }
```

这一次读取 hello 文本框数据引用的是 Request.QueryString["hello"]，其他原理相同。
程序运行结果如图 2-7 所示。

图 2-7   范例 2-2 程序运行结果

观察网址栏可以发现，这一次在文本框中输入的值，与文本框的 id 名称组合成为字符串
hello=Jacky 进行传送。

从上述两个范例中可以看到 Request 与 Response 的用法，同时也看到了 <form> 标签
action 属性设置将造成的影响，两种可能的 action 属性值 post 和 get，若没有设置，则默认为
post 。

以上两种属性值决定了网页用来取得窗体传送数据的方式。如果 action 属性值设为
post，则必须从 Request 对象的 Form 集合中取得表单域值；如果设为 get，则从另外一个集合
QueryString 取得。

通过以上这两个范例的比较，读者应该可以很清楚地了解 post 与 get 之间运行上的差异，
同时了解如何引用适当的方式取得窗体上的数据。一般情况下，无论 post 还是 get，这两者
除了传送数据的方式不同之外，使用任何一种方式，都不会对网页产生影响。需要特别注意
的是，get 会将数据合并在 URL 后面直接进行传送，因此一些敏感性的数据应该以 post 方
式进行传送。

3. Response 对象与数据输出

主从架构下的网络系统，服务器端必须根据客户端传送过来的资料进行处理，最后将结
果响应给客户端。Response 对象的方法成员中，提供了两个重要的方法：Write() 和 Redirect()，
其中的 Write() 接收一个字符串参数，同时将此参数写入网页，而 Redirect() 则用于将浏览器
导向指定的 URL 地址。

将指定的信息输出到网页上是 Responses 对象最主要的功能之一，方法 Write() 用来达到
这个目的，例如，用户可以写以下程序代码，将一段指定的字符串输出在网页上：

```
Response.Write(" 测试 Response 对象 !!")
```

之前的范例，曾经利用这个方法将 Request 对象所取得的数据内容输出在网页上，引用的
方式非常简单，这里不再进行示范。

Response 对象另外一个常用的方法 Redirect()，接收一个指向特定路径的 URL 字符串参数，
命令浏览器转向这个参数所指定的网页。其使用的方式如下：

```
Response.Redirect(url)
```

其中，url 代表一个指向特定网页的 URL 网址，当网页运行到这一段程序代码时，浏览器会重载指定的新网页，下面用一个范例说明相关的应用。

【范例 2-3】网页转向设置。

建立 Rsource.aspx 和 Rdest.aspx 两个 Web 窗体，Rsource.aspx 配置同前述范例相同的文本框与按钮。其后置程序代码如下：

Rsource.aspx

```
namespace CH02
{
    public partial class rsource:System.Web.UI.Page
    {
        protected void Page_Load(object sender, EventArgs e)
        {
            if (IsPostBack && Request.QueryString["hello"].Length>0)
            {
                Response.Redirect("Rdest.aspx?hello="+
                            Request.QueryString["hello"]);
            }
        }
    }
}
```

这段程序代码引用 Redirect() 方法，转向另外一个网页 Rdest.aspx。注意，其中将取出的文本框内容当作参数输入。

以下是 Rsource.aspx 的后置程序代码：

Rdest.aspx.cs

```
namespace CH02
{
    public partial class Rdest:System.Web.UI.Page
    {
        protected void Page_Load(object sender, EventArgs e)
        {
            String message=
                "Hello ," + Request.QueryString["hello"]+
                " 欢迎使用 ASP.NET !";
            Response.Write(message);
        }
    }
}
```

其中取得 hello 参数值，然后输出欢迎信息。

输入信息后的程序运行结果如图 2-8、图 2-9 所示。

图 2-8　输入信息

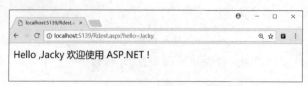

图 2-9　范例 2-3 程序运行结果

这一次单击"欢迎"按钮时，会转向另外一个网页 Rdest.aspx，查看其网址栏，会看到输入到文本框的内容合并在其后面一并传送过来。

Response 及 Request 对象虽然可以处理数据传输的工作，然而却无法维护网页之间的状态信息。以前述的范例来看，当单击"欢迎"按钮，在网页输出欢迎信息时（见图 2-10），原先输入文字字段中的字符串已经消失不见，这表示网页数据无法被保存下来进一步进行处理。

为了解决无状态的问题，ASP.NET 导入了面向对象的应用程序设计模型，同时通过事件机制，进行网页之间的运行与状态维护，因此，Response 及 Request 对象在 ASP.NET 网页开发的重要性已不如以往，下面进一步说明通过 ASP.NET 网页的程序化特性。

图 2-10　网页输出信息

2.3　Web 窗体

到目前为止，本章实作的范例，均只针对数据进行处理，网页本身并没有办法与其中的窗体以及文字字段等标签进行互动，其中主要的原因在于这些网页上的元素，均是由传统的 HTML 标签所构成，在客户端的浏览器运行翻译，服务器除了 Response 与 Request 等对象，完全不认识这些标签，也因此造成客户端与服务器端沟通上的障碍。

相对在客户端运行 HTML 标签，ASP.NET 提供了另外一组在服务器端运行的标签，例如，下面为服务器版本的窗体标签，通常称之为 Web 窗体。

```
<body>
    <form id="form1" runat="server">
    <div>
    ...
    </div>
    </form>
</body>
```

服务器版本的标签与传统 HTML 最大的差别，在于 runat 属性的设置，要让一个传统的 HTML 标签成为在服务器端运行的服务器版本，只要将 runat 属性设置为 server 即可。

在上面 Web Form 的定义中，已经看到相关的设置，一个 runat 属性设为 server 的标签，在服务器端会被直接当作对象来看待，因此，如同 Response 等 ASP.NET 对象，用户可以直接编写程序代码控制这些标签，访问其中的数据内容，不需再由 Response 与 Request 等对象来处理。

除了 runat 属性，每个服务器版本的标签还必须指定一个 id 属性，这个属性用来识别此标签，同时当作对象的名称被引用参照。

1．Wed Form

有了服务器标签的概念，接下来进一步改写上述范例，查看如何在 ASP.NET 网页中利用服务器标签达到相同的效果。读者必须注意的是，所有服务器版本，也就是 runat 属性设为 server 的标签，均必须放在 Web Form 中，才可以通过服务器端的程序代码进行控制。

【范例 2-4】运用 Web Form。

（1）在 UWebForm.aspx 中配置如图 2-11 所示的内容。

图 2-11　配置内容

（2）在文本框与按钮的下方，另外配置一个 <input> 标签，用来呈现返回的消息正文，切换至"源"模式。

```
<body>
    <form id="form1" runat="server">
        <div>
            <input type="text" id="hello" runat="server"/>
            <input type="submit" value="欢迎"
                    id="btnWelcome" runat="server"/>
        </div>
        <div>
            <input type="text" id="message"
                    style="width:500px" runat="server" />
        </div>
    </form>
</body>
```

（3）添加的 <input> 标签，将其命名为 message，然后 3 个 HTML 标签均设置 runat="server"，此后就可以在后置程序代码中设置这些控件。

UWebForm.aspx.cs

```
namespace CH02
{
    public partial class UWebForm : System.Web.UI.Page
    {
        protected void Page_Load(object sender, EventArgs e)
        {
```

```
            if(hello.Value.Length > 0)
            {
                message.Value="Hi,"+(hello.Value+" 欢迎使用 ASP.NET!!");
            }
            else
            {
                message.Value="";
            }
        }
    }
}
```

（4）在后置程序代码块中，在网页重载时将文字标签 hello 的内容，合并欢迎信息字符串输出在网页。如果用户没有在文字字段输入任何数据，则显示信息的文字标签，其 value 属性会被重新设置为空值。

由于文字标签均已设置为服务器版本，因此可直接以 id 名称属性加上符号，连接其 value 属性，访问其内容。

程序运行结果如图 2-12 所示。

图 2-12　范例 2-4 程序运行结果

单击"欢迎"按钮，其返回的结果中，输入文本框字段的内容依然存在，而且不需要 Response 以及 Request 进行处理，程序代码同时可以直接控制标签的行为。

2. 关于事件

HTML 标签通过指定 runat 属性，进一步转换成服务器版本之后，除了对象化的优点之外，另外一种革命性的变革，则是支持事件。

ASP.NET 通过事件机制的导入，提供网页与用户实时互动的能力。应用程序依靠事件的触发，响应用户所进行的各种操作。例如，当单击界面中的一个按钮时，此按钮的单击事件被触发，处理此事件的程序被调用，程序中的代码逐一被执行，单击按钮时，处理预先指定的相关作业。

ASP.NET 将网页上的元素当作对象来处理，每个对象均有其专属的事件处理程序。以 ASP.NET 最常见的对象 page 为例，它代表一个特定的网页，当网页被加载时，page 对象的加载事件被触发，处理程序 Page_Load 自动被调用，运行其中的程序代码。

通常，程序设计人员会将网页初始化的程序代码写在 Page_Load 中程序里面，让网页成功加载之前，有机会完成所需的相关作业，下面利用一个范例，说明如何运用 page 对象加载事件。

【范例 2-5】运用 Page_Load 事件。

这个范例 UPageOnLoad.aspx 的 Web 窗体配置同前述范例，直接看其后置程序代码。

UPageOnLoad.aspx.cs

```
namespace CH02
{
    public partial class UPageOnLoad:System.Web.UI.Page
    {
        protected void Page_Load(object sender, EventArgs e)
        {
            if(hello.Value.Length>0)
            {
            message.Value="Hi,"+hello.Value+" 欢迎使用 ASP.NET !! ";
            }
            else
            {
                message.Value=" 请输入你的姓名...";
            }
        }
    }
}
```

这次在网页加载完成时，直接判断文本框的内容，并且在未输入任何文字信息的状况下，显示提示消息正文。

程序运行结果如图 2-13 所示。

图 2-13　范例 2-5 程序运行结果

比较前述范例的运行结果可以发现，当每一次网页被加载时，加载事件被触发，Page_Load 程序进行 if 判断作业。如果第一个文字字段 hello 的内容是空值，进行信息字段的初始化动作，显示要求输入名称的提示信息，否则显示欢迎信息。

如果将其中的内容清空，重新单击"欢迎"按钮，将会再次看到提示信息。

3. PostBack 机制

在结束窗体加载事件的说明之前，还有一个必须特别提出讨论的重点——PostBack，它代表 Web 窗体触发的事件过程，都由浏览器将网页上的数据信息返回至服务器端进行处理，并且重新返回整个过程。

本章一开始所示范的 Response 与 Request 版本范例，将 Web Form 设置为服务器运行，因此每一次网页重载时，原先输入的姓名字符串便消失；后续的范例设置了 runat 属性为 server，在 PostBack 机制的作用下，网页原先的状态在每一次重载时，依然被完整地保留下来。

PostBack 机制由 ASP.NET 自动维护，因此相关的程序运行通常不需要用户担心，唯一必须注意的是 page 对象的 IsPostBack 属性。IsPostBack 是一种布尔类型的只读属性，默认值为 false，当网页第 2 次加载时，这个值即被自动转换成为 true，因此可以写下判断此布尔值的程序代码，决定何时进行相关的工作。

【范例 2-6】使用 IsPostBack。

Web 窗体属性同前述范例，下面直接看后置程序代码。

UIsPostBack.aspx.cs

```
namespace CH02
{
    public partial class UisPostBack:System.Web.UI.Page
    {
        protected void Page_Load(object sender, EventArgs e)
        {
            if(hello.Value.Length > 0)
            {
                message.Value="Hi,"+hello.Value+" 欢迎使用 ASP.NET !! ";
            }
            else
            {
                if(!IsPostBack)
                {
                    message.Value=" 请输入你的姓名 ...";
                }
                else
                {
                    message.Value=" 你忘了输入姓名了 ...";
                }
            }
        }
    }
}
```

这一次在 hello 文本框没有任何文字信息时，进一步运行 IsPostBack 判断，如果是 IsPost
Back，表示是用户单击"欢迎"按钮，而非第一次加载，因此输出适当的提示信息。

图 2-14 所示为一开始网页加载的界面，图 2-15 则是没有输入任何文字，直接单击"欢迎"
按钮后的结果。

图 2-14 范例 2-6 程序运行结果（一）　　　　　　图 2-15　范例 2-6 程序运行结果（二）

2.4 Web 服务器控件

传统的网页本身由各种 HTML 标签所组成，ASP.NET 通过将其 runat 属性值设置为
server，自动转换成服务器版本的控件，当用户向服务器要求一个包含服务器版本的 HTML 标
签网页时，翻译器进一步将其转换成浏览器可解读的 HTML 标签，发送到浏览器。

服务器版本的 HTML 标签虽然某种程度上改良了传统网页的运行模式，但是由于只是通过原始 HTML 标签转换，因此无法完整融入 ASP.NET 的架构。为了彻底解决标签的问题，ASP.NET 本身设计了一组功能强大且分类完整，用来取代 HTML 标签建构网页界面的全新服务器标签，称为服务器控件。

除了对应 HTML 标签功能的基础服务器控件，ASP.NET 还设计了功能更为强大的高级控件，提供了更为复杂的网页界面设计功能。

服务器控件并非本章的主要议题，后续章节将对其进行详细讨论，本节将重点放在文本框、按钮等几个基础控件的运用，示范这些标准控件在窗体中的运行与 HTML 标签的差异。

1. TextBox

在网页上提供一个文本框，用户可在其中输入文字。其标签语法如下：

```
<asp:TextBox ID="TextBox1" runat="server"></asp:TextBox>
```

服务器控件标签以 asp 为起始字符串，Text 为标签名称，ID 与 runat 这两个属性的意义，与先前说明的窗体标签相同，分别用以识别此标签的特定实例以及指定由服务器端进行翻译。

文本框有一个 Text 属性，用来设置文字内容，例如：

```
TextBox1.Text="Hello"
```

通过 Text 属性的引用，设置文本框的内容文字为 Hello。

2. Button

在网页上显示一个可被单击的按钮，当用户单击此按钮时网页被重载。其标签语法如下：

```
<asp:Button id="Button1" runat="server" Text="Button">
</asp:Button>
```

按钮标签的名称为 Button，与文本框同样具有一个 Text 属性，这个属性值将显示在按钮表面。

使用按钮控件最重要的是单击此按钮所触发的 OnClick 事件，相关事件过程中的程序代码，在按钮被单击的同时进行指定的工作。

3. Label

在网页上形成一块区域，在其中显示指定的文字。其标签语法如下：

```
<asp:Label id="Label1" runat="server">Label</asp:Label>
```

文字标签以 Label 为名称，其功能仅是单纯地用来显示特定的文字，同样具备 Text 属性，这个属性值代表网页上此标签区域的文字内容。

下面利用上述 3 个服务器控件标签，完成之前范例中根据用户名称输出欢迎信息的相同功能。

【范例 2-7】运用服务器控件。

新建立的 Web 窗体 UWebControl.aspx 配置内容如图 2-16 所示。

图 2-16　新建窗体配置内容

其中，最上方是 Label 控件，文本框是 TextBox 控件，"欢迎"按钮是 Button 控件。切换至"源"模式如下：

```
<body>
    <form id="form1" runat="server">
        <div>
            <asp:Label ID="Message" runat="server"
                Width="448px">Label</asp:Label>
            <br/>
            <asp:TextBox ID="Hello" runat="server"></asp:TextBox>
            <asp:Button ID="Welcome" runat="server"
                Text="欢迎"></asp:Button>

        </div>
    </form>
</body>
```

注意：其中控件都设置了 ID 属性以利于程序识别，下面编写后置程序代码。

```
namespace CH02
{
    public partial class UWebControl : System.Web.UI.Page
    {
        protected void Page_Load(object sender, EventArgs e)
        {
            if (Hello.Text.Length>0)
            {
                String message=
                    "Hello ,"+Hello.Text+" 欢迎使用 ASP.NET !";
                Message.Text=message;
            }
        }
    }
}
```

在窗体的加载事件中，分别引用控件的 Text 属性，检查是否输入用户名称数据。若名称数据存在，则设置文字标签内容为欢迎字符串，否则设置为空字符串。

程序运行结果如图 2-17、图 2-18 所示。

图 2-17　未输入名称数据的结果

图 2-18　输入名称数据结果

2.5　按钮的事件处理程序

用户通常不会在网页的加载事件中完成所有的工作，例如，前一个运用服务器控件的范例 UWebControl.aspx，一般而言，加载事件应该只放置初始化对象的程序代码，其他的工作，如显示文本框的内容信息，则应该在按钮的 OnClick 事件处理程序中完成。

以下的程序语法用于 Button1 的 Click 事件处理程序，其中接收两个特定类型参数，分别是 Object 类型的 sender 和 EventArgs 类型的 e。sender 代表触发此事件的控件对象，e 则包含了事件的相关信息。

```
protected void Button1_Click(object sender, EventArgs e)
{
    ...
}
```

有了事件处理程序，接下来则必须在标签中将此标签注册至 OnClick 属性，此后，当按钮被单击时，系统会根据 OnClick 属性找到所要运行的事件处理程序，进行事件处理的相关作业。以下为注册事件过程的语法：

```
<asp:Button ID="Button1" runat="server"OnClick="Button1_Click">
</asp:Button>
```

如果在 Button 控件标签中设置了 OnClick 属性，则当用户单击这个按钮时，会根据属性值找到 Button1_Click() 函数，运行其中的程序代码。

【范例 2-8】示范按钮事件。

配置如下的 UButtonEvent.aspx 原始内容：

```
<body>
    <form id="form1" runat="server">
        <asp:Label ID="Message" runat="server" Width="448px">Label</
            asp:Label>
        <br/>
        <asp:TextBox ID="Hello" runat="server">    </asp:TextBox>
        <asp:Button ID="Welcome" runat="server" Text="欢迎"
            OnClick="Welcome_Click"></asp:Button>
    </form>
</body>
```

其中，在 Button 控件设置了 OnClick 属性，接下来在后置程序代码中设计 OnClick 事件处理程序：

```
namespace CH02
{
    public partial class UButtonEvent:System.Web.UI.Page
    {
        protected void Page_Load(object sender, EventArgs e)
        {
            if (!IsPostBack)
            {
                Message.Text="请在以下输入你的姓名 ...";
            }
        }
        protected void Welcome_Click(object sender, EventArgs e)
        {
            if (Hello.Text.Length>0)
            {
                Message.Text="Hi ," + Hello.Text+
```

```
                              " 欢迎使用 ASP.NET！";
                }
                else
                {
                    Message.Text="";
                }
            }
        }
    }
```

其作用是判断是否网页是第一次加载，并在其中显示提示信息。事件处理程序 Welcome_Click 根据用户的输入名称，输出对应的信息。

服务器控件的作用非常强大，无论是简单的数据展示网页，还是牵涉数据库访问技术的复杂工作，ASP.NET 均提供了专属的服务器控件，协助用户快速完成动态网页的设计工作。

有了功能强大的控件，服务器版本的 HTML 标签似乎就没有什么利用价值了。而事实上也是如此，服务器版本的 HTML 标签的存在基本上只是为了与原始的 HTML 标签兼容。但是，对于简单的功能需求，还是非常有用的，读者可以自行选择使用何种控件。

小 结

本章针对建立活动服务器网页最重要的窗体元素，进行实际的示范说明与讨论，同时涉及事件的原理与实际应用，相信读者通过本章的学习，已经掌握了基础的网页功能，可以通过网页的事件处理与服务器进行沟通。

习 题

1. 何为"无状态"？请尝试以一般应用程序与 Web 应用程序比较进行说明。

请参考 2.1 节的讨论。

2. Web 应用程序依赖窗体支持要求与响应程序，请说明 ASP.NET 响应功能所需的两个对象，并简要列举说明。

请参考 2.2 节 Response 与 Request 的讨论。

3. 考虑以下的配置：

```
requestData=Request.Form(fieldname)
requestData=Request.QueryString(fieldname)
```

请说明其中的 Form 与 QueryString 的差异。

请参考 2.2 节 Request 的讲解。

4. 参考以下两行程序代码：

```
Response.Write(s)
Response.Redirect(s)
```

请说明第一行中的 Write() 方法的参数字符串 s 与第二行 Redirect() 方法的参数字符串 s 的意义。

> Write() 方法的参数字符串 s 表示要输出网页的信息字符串。
>
> Redirect 方法的参数字符串 s 表示要转向的网址栏字符串。

5. 请建立一个网页，配置一个按钮，当用户按下按钮时，利用 Response 输出一行自定义的欢迎信息。

> 请参考 2.2 节 Response 范例。

6. 延续第 4 题与第 5 题，建立一个网页提供文本框与按钮，当用户按下按钮时，可以取得用户输入文本框的字符串，并且输出。

> 请参考 2.2 节的 Form 标签范例。

7. 考虑以下的标签配置：

```
<form id="form1" runat="server">
</form>
```

这是一个窗体标签，请说明 runat 属性的意义。

> runat 属性可以将这组标签设置为服务器的版本，并可以直接在后台程序代码利用 C# 存取。

8. 承上题，请说明针对设置了 runat="server" 的标签，如何利用 C# 存取。

> 指定 ID 属性，并且引用此 ID 即可。

9. 考虑以下的配置：

```
<body>
<form id="form1" >
<div>
<input type="text" id="hello" runat="server"/>
<input type="submit" value=" 欢迎 " id="btnWelcome" runat="server"/>
<div>
</form>
</body>
```

当按下按钮时在界面上显示文本框 hello 的值，请说明这段程序代码有什么问题？

> 其中的 form 必须设置为 runat="server"，将所有的控件配置在其中才会有作用。

10. 简述何谓事件。

请参考 2.3 节的说明。

11. 简述 Page_Load 事件的意义以及被触发的时机。

请参考 2.3 节的说明。

12. 考虑以下的程序片段：

```
if(!IsPostBack){
    message.Value=" 请输入你的姓名 ....";
} else{
    message.Value=" 你忘了输入姓名了 ....";
}
```

简述其中 IsPostBack 的意义，并且说明这一段判断式会有什么效果。

请参考 2.3 节范例 IsPostBack 的说明。

13. 考虑以下的配置：

```
<asp:TextBox ID="Msg1" runat="server"></asp:TextBox>
```

请说明要将消息正文 Welcome 设置在这个 TextBox 中所需的语法。

```
Msg1.Text=" Welcome "
```

14. 考虑以下的配置：

```
<asp:Button ID="MButton" runat="server" Text=" 欢迎 " >
</asp:Button>
```

假设有一个函数如下：

```
protected void Welcome_Click(object sender, EventArgs e)
{
    // 功能程序代码
}
```

请说明如何配置标签内容，当用户按下 MButton 按钮时，执行 Welcome_Click() 函数的程序代码。

```
<asp:Button ID="MButton" runat="server" Text=" 欢迎 "
    OnClick="MButton_Click"></asp:Button>
```

第 3 章

ASP.NET 与 C#

3.1 ASP.NET 的组成

ASP.NET 由 IIS 针对其服务器程序代码进行解译，将内容转换为标准的 HTML 网页之后，合并传统的 HTML 标签内容（如果有），一并传送至客户端浏览器进行翻译，因此 ASP.NET 提供了几种方式，让翻译器能够分辨服务器端程序代码与标准的 HTML 网页标签。

当编写网页时，有两种主要的方式被用来建构 ASP.NET 网页内容：

1. C# 程序代码

ASP.NET 网页的逻辑程序代码主要由 C# 负责建立，并以独立文件管理，也就是在前述章节实作的后置程序代码。

2. ASP.NET 服务器标签

建构网页界面的可视化组件，例如第 2 章窗体范例所使用的文本框以及按钮控件等，这些标签是 HTML 的延伸，提供建构 ASP.NET 网页开发人员专属的可视化控件。

在前一章节，运用上述两种 ASP.NET 网页元素，进行了窗体与事件机制的相关说明，下面将进一步针对这两种构成 ASP.NET 网页的主要元素进行详细探讨，本章将专注于 C#，ASP.NET 服务器标签将在后续章节持续进行说明。

3.2 C# 基本语法

C# 是建构 ASP.NET 逻辑的程序语言，其中包含一般程序语言所需要的语法元素，如批注、变量与循环等。下面介绍如何使用 C# 编写 ASP.NET 网页逻辑运算功能。

1. 定义变量

变量是一个标识符串，用来存储各种形式的数据，例如数字、文字与日期等，C# 允许用户将数据直接存储至一个变量，然后针对这个变量进行运算。变量使用之前要先定义，相关语法如下：

```
int i=5;
```

其中，int 为数据类型名称，i 是变量名称，一旦这行程序代码在网页中运行，i 将可以在网页中被用来存储与 int 类型兼容的数据，其他包含各种不同类型的数据原理与其类似。

下面用一个简单的范例说明变量的定义及运用。

【范例 3-1】变量的定义与使用。

Uvar.aspx.cs

```
namespace CH03
{
    public partial class UVar:System.Web.UI.Page
    {
        protected void Page_Load(object sender, EventArgs e)
        {
            int i=5;
            i=i+5;
            Response.Write("变量 i 的值等于" + i);
        }
    }
}
```

程序中首先定义了 int 类型的变量 i，并且将其初始值设置为 5，接下来将 i 加上 5，最后输出变量 i 的值。

程序运行结果如图 3-1 所示。

图 3-1　范例 3-1 程序运行结果

2．使用 if 判断式

if 是用于决策运算的程序语句，最主要的功用在于让应用程序根据特定条件式计算结果，决定是否运行指定的程序代码。其用法如下：

```
if(条件式语句 )
{
    符合条件之下运行的程序代码 ...
}
```

当 if 后面的条件式语句成立时，大括号块间的程序代码会被运行；若不成立，则直接跳过这段程序代码。

if 可以再搭配 else，当 if 后面的条件式语句不成立时，则运行这一段程序代码。其用法如下：

```
if(条件式语句 )
{
    符合条件之下运行的程序代码 ...
```

```
}
Else
{
    不符合条件之下运行的程序代码 ...
}
```

下面看一个范例，以了解 if 语句在 ASP.NET 网页中的应用。

【范例 3-2】示范 if 语句。

配置两个文本框，用户输入数字，用按钮判断两个数字的大小，如图 3-2 所示。

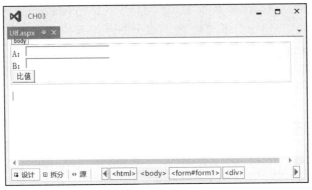

图 3-2　配置页面

切换至"源"模式，内容如下：

```
<body>
    <form id="form1" runat="server">
    <div>A: <asp:TextBox ID="txtValue1" runat="server"></
        asp:TextBox></div>
    <div>B: <asp:TextBox ID="txtValue2" runat="server"></
        asp:TextBox></div>
    <asp:Button ID="btnSend" runat="server" Text="比值 "  OnClick="btnSend_
        Click" />

    </form>
</body>
```

每一个控件都设置了对应的 ID，通过后置程序代码进行访问并运行逻辑判断。

UIf.aspx.cs

```
namespace CH03
{
    public partial class UIf:System.Web.UI.Page
    {
        protected void Page_Load(object sender, EventArgs e)
        {
        }
        protected void btnSend_Click(object sender, EventArgs e)
        {
            if(int.Parse(txtValue1.Text)>int.Parse(txtValue2.Text))
            {
```

```
            Response.Write(" 数值 A>B ");
        }
        else {
            Response.Write(" 数值 A<B ");
        }
    }
}
```

按钮 btnSend 被单击时，运行 OnClick 事件处理程序 btnSend_Click，取出两个文本框中的 Text 属性值，并且将其转换为 int 型，然后利用 if 语句判断两者大小的比较结果。

当 txtValue1 的内容大于 txtValue2 时，输出 A>B 的信息，反之 else 则输出数值 A<B 的信息。

运行程序后，首先在网页上出现两个内容为空的文本框，在其中随意输入数值，单击"比值"按钮，界面上出现两个值的比较结果，如图 3-3、图 3-4 所示。

图 3-3　输入数值

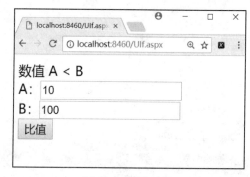

图 3-4　比较结果

3. 多重判断式 switch

当程序中包含多个判断式时，使用 if 语句会显得相当累赘，switch 可以用来解决这一类问题。Switch 语句的相关语法如下：

```
switch (cvalue)
{
    case v1:
        // v1 等于 cvalue 运行这里的程序代码
        break;
    case v2:
        // v2 等于 cvalue 运行这里的程序代码
    break;

    // …
        default:
    // 无任何 case 符合的值运行这里的程序代码
        break;
}
```

其中，switch 后的条件值为程序判断的依据，如果某个 case 后面紧接的条件式运算结果符合条件值，则程序继续运行这个 case 块中的程序代码，最后当所有 case 运算均不符合时，执行 default 块中的程序代码。

下面修改上一个范例的内容，以 select Case 语句替代 if 判断式，达到相同的运行效果，仅列出修改部分的程序代码内容。

【范例 3-3】运用 switch。

(1) 在 Web 窗体中 USelect.aspx 配置如图 3-5 所示的内容。

图 3-5 配置页面

(2) 以 Label 控件标示 Day，表示要让用户在右边的文本框中，输入大写的一、二、三、四、五、六、日，单击"比值"按钮时，显示对应的星期名称。

(3) 切换至"源"模式，进行设置：

```
<body>
    <form id="form1" runat="server">
        <div>
            <div>Day: <asp:TextBox ID="txtDay" runat="server">
                </asp:TextBox></div>
            <asp:Button ID="btnSend" runat="server"
                Text=" 比值 " OnClick="btnSend_Click" />
        </div>
    </form>
</body>
```

其中，文本框的 ID 设置为 txtDay，而按钮 btnSend 则于单击时运行 btnSend_Click 程序，接下来完成后面程序代码。

USelect.aspx.cs

```
namespace CH03
{
    public partial class USelect:System.Web.UI.Page
    {
        protected void Page_Load(object sender, EventArgs e)
        {         }
        protected void btnSend_Click(object sender, EventArgs e)
        {
            string day=txtDay.Text;
            switch(day)
            {
                case " 日 " :
                    Response.Write(" 星期日 ");
                    break;
```

```
        case " 一 ":
            Response.Write(" 星期一 ");
            break;
        case " 二 ":
            Response.Write(" 星期二 ");
            break;
        case " 三 ":
            Response.Write(" 星期三 ");
            break;
        case " 四 ":
            Response.Write(" 星期四 ");
            break;
        case " 五 ":
            Response.Write(" 星期五 ");
            break;
        case " 六 ":
            Response.Write(" 星期六 ");
            break;
        default:
            Response.Write(" 请输入  一，二，三，四，五，六，日 ");
            break;
        }
    }
  }
}
```

（4）当用户单击"比值"按钮时，先取得用户输入的文字，存储至变量 day，利用 switch 关键词判断其值。

如果 case 的判断值与 day 存储的变量值相同，则运行其中的程序代码块。最后的 default 则输出默认信息。

运行程序后，在文本框输入特定的文字，单击"比值"按钮，则输出对应的结果。如果输入不合适的值，则运行 default 块中的程序代码，输出对应的结果，如图 3-6 ～图 3-8 所示。

图 3-6　输入文字

图 3-7　显示对应结果

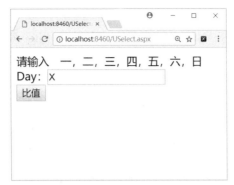

图 3-8　输入不合适的值后的结果

3.3　循环语句

循环是一种强制重复运行特定块程序代码的语句，在 ASP.NET 与 HTML 相结合的网页程序中，循环的应用相当普遍。C# 支持的循环语句如表 3-1 所示。

表 3-1　C# 支持的循环语句

循 环 语 句	说　　　明
for	设置循环块中的程序代码以指定的次数重复运行
foreach	对于集合或数组中的元素，重复运行
While	如果指定的条件式成立，则重复运行循环块中的程序代码
do...while	先运行块中的程序代码一次，然后如果指定的条件式成立，则重复运行循环块中的程序代码
break	强制终止循环

与一般程序语言提供的循环语句基本上并没有太大差异，这几种循环主要的差别在于重复条件的判断。下面针对这些循环逐一进行说明。

1. for

for 是最简单的循环语句，它可以让应用程序指定循环所要运行的次数，此循环语句的语法结构如下：

```
for(int loop=0; loop<10; loop++){
    // 循环程序代码...
}
```

其中，大括号之间的块为重复运行的程序代码，而 loop 变量值设置程序代码块重复运行的次数。

loop 为条件变量，这个变量值在默认的情形下，每重复一次循环便加 1，0 为循环的起始值，而 10 则是循环的结束值。

当 loop 变量值落在 0 与 10 之间时，循环持续进行，直到 loop 变量值不符合中间的条件值，也就是不再小于 10 则跳出循环，最后 loop++ 设置每次 loop 变量值依序加 1。

用户可以通过调整其中的数值与条件式来达到控制循环次数的目的。

【范例 3-4】运用 for 语句。

这个范例的 Web 窗体 UForNext.aspx 并没有任何内容，以下列举后置程序代码。

UForNext.aspx.cs

```
namespace CH03
{
    public partial class UFornext:System.Web.UI.Page
    {
        protected void Page_Load(object sender, EventArgs e)
        {
            for (int loop=0; loop<10; loop++){
                Response.Write("变量 loop=" +loop+"<br/>");
            }
        }
    }
}
```

利用 for 语句在网页输出 0 ～ 9 的数值，变量 loop 从 0 开始运行程序，然后再将 loop 加 1 重新运行，直到其值不再小于 10，最后结束，跳出循环。

程序运行结果如图 3-9 所示。

图 3-9　范例 3-4 程序运行结果

也可以调整其中的条件值，例如修改如下：

```
for (int loop=0; loop<10; loop+=2)
```

重新浏览网页，这次输出的结果与先前的不同，由于每一次循环的加值是 2，因此这一次只有偶数被输出，如图 3-10 所示。

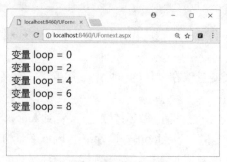

图 3-10　输出偶数结果

2. foreach

当程序必须访问数组元素时，foreach 是最合适的选择，这种循环语句提供比较便利的方式，允许 ASP.NET 仅利用一段简单的语法就可以将数组中的元素逐一取出，其语法结构如下：

```
foreach (int i in array)
{
    // foreach 循环程序代码 ...
}
```

其中，array 为程序所要操作的数组对象，变量 i 用于存储每一次自数组取出的元素，而大括号中的程序代码块则重复运行，直到所有的元素逐一取出为止。变量 i 的类型必须符合 array 数组中的数据类型。

【范例 3-5】运用 foreach。

这个范例的 Web 窗体 UForeach.aspx 很简单，在后置程序代码通过 foreach 循环列举数组。

UForeach.aspx.cs

```
namespace CH03
{
    public partial class UForeach:System.Web.UI.Page
    {
        protected void Page_Load(object sender, EventArgs e)
        {
            int[] array={ 100, 200, 300, 400, 500, 600, 700, 800, 900 };

            foreach(int i in array)
            {
                Response.Write("array 元素 "+i+"<br/>");
            }
        }
    }
}
```

首先定义数组 array，数组中包含 100~900 等 9 个数值，紧接着利用 foreach 循环语句，逐一列举数组中的值进行输出。

程序运行结果如图 3-11 所示。

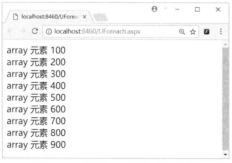

图 3-11 范例 3-5 程序运行结果

array 中存储的所有整数，被逐一取出，输出在界面上。

3. while

while 循环针对流程控制提供一种更为灵活的作法，以特定的条件判断式作为是否继续循环的依据。以下为 while 循环的语法结构：

```
while(condition)
{
    // while 判断式程序代码...
}
```

小括号中的 condition 为判断式，每次当循环重新运行之前，这个判断式会被运行，并且返回一个代表运算结果的布尔值。当这个值等于 true 时，下一次的循环才会被运行，否则程序流程会跳出 while 循环。

【范例 3-6】 运用 while。

建立新的 Web 窗体 UWhile.aspx，在后置程序代码建立以下内容。

UWhile.aspx.cs

```
namespace CH03
{
    public partial class UWhile:System.Web.UI.Page
    {
        protected void Page_Load(object sender, EventArgs e)
        {
            int a=0;
            int b=10;
            while(a<b)
            {
                Response.Write("a="+a+"<br/>");
                a+=1;
            }
        }
    }
}
```

其中，定义两个变量 a 与 b，并且设置了其初始值。

在 while 循环运行过程中，每一次都判断是否 a<b，如果满足要求，则运行大括号中的程序代码，在网页输出变量 a 的值，同时将其加 1，再次回到 while 判断式进行下一次的判断；如果 a 已经大于 b，则跳出循环。

程序运行结果如图 3-12 所示。

图 3-12　范例 3-6 程序运行结果

当 a 每一次循环输出之后便会加 1，一直累计到超过 9，此时不再小于 b，循环便终止，因此只输出此结果画面。

4. do…while

do…while 是另外一种依靠条件式进行判断的循环语句，其语法结构如下：

```
do
{
    // do...while 判断式程序代码...
}while()
```

其中，while 条件式若放在循环完成之后，则会先运行一次循环，结束之后再进行判断，因此这个循环无论如何至少会运行一次。

【范例 3-7】运用 do…while。

在 Web 窗体 UDoLoop.aspx 配置后置程序代码如下：

UDoLoop.aspx.cs

```
namespace CH03
{
    public partial class UDoLoop:System.Web.UI.Page
    {
        protected void Page_Load(object sender, EventArgs e)
        {
            int a= 0;
            int b= 10;
            Response.Write("while <br/>");

            while (a<b){
                a+=1;
                Response.Write("a="+a+"<br/>");
            }
            Response.Write("do...while <br/>");
            do
            {
                a+=1;
                Response.Write("a="+a+"<br/>");
            } while (a<b);
        }
    }
}
```

为了方便进行比较，同时配置了两种不同结构的 while 循环，第一种循环先运行判断式，如上述 while 的说明，第二个循环则使用 do…while。

由于 do…while 会先运行循环，因此即使经过第一组 while 循环的运算，a 已经不小于 b，第二组循环依然会再运行一次，之后才跳出。

程序运行结果如图 3-13 所示。

图 3-13 范例 3-7 程序运行结果

5. break

循环并非一定要全部运行完毕才能跳出重复运行流程，在某些状况之下必须中止循环的进行。C# 提供一个关键词 break，专门用于强制中断循环的运行，例如回到上述的 do…while 范例，修改程序代码如下：

```
do
{if(a==b) break;
     a+=1;
     Response.Write("a ="+a+"<br/>");
} while (a<b);
```

其中的 if 判断式，如果 a 与 b 的值相等，则调用 break 语句，循环将强制中断，不再输出任何信息。

3.4 结构化的程序代码

有了上述的基本语法说明，本节将继续 ASP.NET 网页程序的编写，提供比较深入的探讨，包含程序切割设计、函数的使用等与结构化程序设计等相关议题。

ASP.NET 网页架构的设计非常灵活，没有经验的程序开发人员很容易利用 ASP.NET 开发动态网页，但其最大的缺点是容易写出不容易维护的程序代码。

ASP.NET 网页除了混杂 HTML 程序代码，同时可以将所有 C# 的程序代码接写在网页而不需要任何切割，当一个 ASP.NET 程序员利用这种方式来开发网页时，整个网页内容很快就会变得难以扩充与维护，甚至连调试都变得非常困难。因此，适当地切割、组织程序代码就变得非常重要。

一般来说，程序代码应该依其功能分开编写，并且避免将太过复杂的程序代码全部挤在一个文件中。如果是重复使用的程序代码，则必须写在共享模块函数中，需要时可直接引用，不必重新编写。

1. 建立函数

函数是一段包含完整功能的子程序，建立在类中供其他程序代码引用。当网页需要某种特定功能时，只需直接调用具有此功能的函数即可，无须重新编写相关程序代码。函数可以设置返回值，例如，可以设置函数返回一个 true 或是 false 的布尔值。当网页引用这个函数时，根据其返回的结果，判断功能运行是否成功。

当程序中的函数数量太多时，可以将同类函数进一步封装成类，再由程序代码进行引用，从而能够脱离后置程序代码，进一步让应用程序朝更结构化的方向建立。

以下是函数的语法定义：

```
T function_name()
{
    // 函数功能程序代码
    // return  value;
}
```

其中大括号的内容块为此函数的功能程序代码，当网页需要函数功能时，只需在程序中引用其名称 function_name：

```
function_name();
```

网页会在调用函数的地方暂停程序的运行流程，跳到大括号的内容块中运行其中的功能程序代码，完成之后再回到原来子程序的地方，继续往下运行。

语法定义一开始的 T 是函数运行完毕时，要返回的数据类型，例如想要在函数运行完毕之后返回一个整数，T 就必须指定为 int，而最后的 return 关键词返回的 value，就必须是个整数。

return 这一行可以省略，如果没有任何返回值，定义函数的 T 必须指定为 void 关键词。

到目前为止，我们运用了大量的事件处理程序，例如窗体加载事件处理程序及按钮 Click 事件处理程序等。这些程序都是子程序的一种，只是由于系统事件被触发时进行引用。

现在可以将重复使用的程序代码写成一组函数以方便重复使用，下面调整前述示范 if 语句的范例内容，将比较表达式写成一个名称为 CheckAB 的函数，单击按钮时被调用。

【范例 3-8】示范函数设计。

建立一个新的 Web 窗体，并且于其中配置如图 3-14 所示的控件。

图 3-14　配置窗体控件

其中，包含两个 TextBox 控件，用于输入比较数字；另外一个 Button 控件，提供比较的功能。切换至"源"界面内容如下：

```
<body>
    <form id="form1" runat="server">
    <div>

    <div>A: <asp:TextBox ID="txtValue1" runat="server"></
```

```
    sp:TextBox></div>
  <div>B: <asp:TextBox ID="txtValue2" runat="server"></
    asp:TextBox></div>
  <asp:Button ID="btnSend" runat="server" Text=" 比值 "
    OnClick="btnSend_Click" />
  </div>
  </form>
</body>
```

其中，Button 的 OnClick 事件处理函数 btnSend_Click()，用户单击按钮时运行，可查看两个文本框的数字大小。后置程序代码如下：

UFunction.aspx.cs

```
namespace CH03
{
    public partial class UFunction:System.Web.UI.Page
    {
        protected void Page_Load(object sender, EventArgs e)
        {        }
        protected void btnSend_Click(object sender, EventArgs e)
        {
            string message=CheckAB();
            Response.Write(message);
        }
        string  CheckAB()
        {
            string message="";
            if(txtValue1.Text.Length==0||txtValue2.Text.Length==0)
            {
                message=" 请于字段 A 与 B 输入非 0 的数值 ... ";
                return message;
            }
            else
            {
                if(int.Parse(txtValue1.Text)>int.Parse(txtValue2.Text))
                {
                    message="A>B";
                }
                else
                {
                    message="A<B";
                }
                return message;
            }
        }
    }
}
```

其中，将输入文本框的两个数字判断式封装于 CheckAB() 函数，并且于最后通过 return 关键词返回比较的结果。

由于判断的程序内容已经写成函数，因此在用户单击按钮时，直接运行这组函数即可。由于这里将判断式和比较语法写在了子程序中，因此程序代码只需写一次即可被重复使用。

运行结果在前述的范例已经作过示范，这里不再说明。

这个范例示范的函数，包含返回值的设计，如果不需要返回任何运行结果，可以调整函数的定义程序代码：

```
void CheckAB()
{
    string message="";
    if (txtValue1.Text.Length==0||txtValue2.Text.Length==0)
    {
        message="请于字段 A 与 B 输入非 0 的数值...";
        Response.Write(message);
    }
    else
    {
        if (int.Parse(txtValue1.Text)>int.Parse(txtValue2.Text))
        {
            message="A>B ";
        }
        else
        {
            message="A<B ";
        }
        Response.Write(message);
    }
}
```

由于没有返回值，因此直接输出结果。

在用户单击按钮之后，运行函数的调用方式现在必须调整如下：

```
protected void btnSend_Click(object sender, EventArgs e)
{
    CheckAB();
}
```

由于没有返回值，因此直接调用即可。

2．函数参数

函数不但可以被重复引用，同时允许调用它的程序代码，传递程序所需的指定参数，让函数得以取得外部信息以进行相关的程序运算，在设计函数时参数必须预先在函数名称后面的小括号里指定，语法如下：

```
T function_name(t1 p1,t2 p2,…)
{
    // 函数功能程序代码
    // p1,p2 参数
    // return value ;
}
```

其中，p1 与 p2 是两个不同的参数，一个以上的参数只需连续以逗号隔开即可。

相对的，调用具有参数的函数，必须同时传递指定类型的参数数据。

```
function_name (p1,p2,…)
```

针对函数定义中的参数，必须在调用时输入对等的参数值。持续修改上述的函数范例，以参数作为示范。

```
// 参数版
void CheckAB(string a, string b)
{
    string message= "";
    if(a.Length==0||b.Length==0)
    {
        message=" 请于字段 A 与 B 输入非 0 的数值...";
        Response.Write(message);
    }
    else
    {
        if(int.Parse(a)>int.Parse(b))
        {
            message="A>B";
        }
        else
        {
            message="A<B ";
        }
        Response.Write(message);
    }
}
```

这一次在函数名称后方的小括号配置两个参数，分别是 a 与 b，取代原来直接取得文本框中的值进行比较运算。接下来修改 CheckAB() 函数的调用语法：

```
protected void btnSend_Click(object sender, EventArgs e)
{
    // 参数版
    CheckAB(txtValue1.Text, txtValue2.Text);
}
```

这一次由调用函数的程序中取得文本框的输入值再输入，以得到 CheckAB() 的运行结果。

3. 关于事件处理程序响应函数参数

了解函数的运用后，看一下已经在范例中实际应用却没有清楚说明的事件响应函数。在网页中配置一个按钮后，如果要在用户单击按钮时响应，通常必须对以下标签进行设置：

```
<asp:Button ID="Button1" runat="server" Text="Button"
 OnClick="Button1_Click" />
```

其中，OnClick 指定的 Button1_Click 本身就是一个函数，这个函数在后置程序代码中的结构如下：

```
protected void Button1_Click(object sender, EventArgs e)
{
    // 事件响应程序代码
}
```

为了辨识方便，这一类函数通常以底线连接源控件名称与事件名称，因此这里的名称是Button1_Click，可以自行定义这个名称，只是同时要对应到控件的配置：

```
<asp:Button ID="Button1" runat="server" Text="Button"
    OnClick="EClick" />
```

如果当用户单击这个按钮时，运行EClick()函数，后置程序代码的配置如下：

```
protected void E_Click(object sender, EventArgs e)
{
    // 事件响应程序代码
}
```

除了事件响应的程序代码，对于作为OnClick事件的响应函数，其参数封装的数据包含与按钮有关的信息，第一个参数sender为所触发的按钮，e则具有按钮的数据信息内容。

有的时候，我们需要多个Button控件共享同一个事件处理函数，因此可以作如下的设置：

```
<asp:Button ID="ButtonA" runat="server" Text="Button"
    OnClick="EClick" />
<asp:Button ID="ButtonB" runat="server" Text="Button"
    OnClick="EClick" />
```

无论ButtonA还是ButtonB，用户单击时，都会运行EClick。

【范例3-9】事件函数。

在新建立的网页中，配置如下内容：

EventFunction.aspx

```
<body>
    <form id="form1" runat="server">
    <div>
        <asp:Button ID="ButtonA" runat="server"
          Text=" 按钮A" OnClick="Button_Click" />
        <asp:Button ID="ButtonB" runat="server"
          Text=" 按钮B" OnClick="Button_Click" />
        <asp:Label ID="Message" runat="server" Text="Label"></
          asp:Label></div>
    </form>
</body>
```

其中，两个按钮的OnClick均指定为Button_Click，后置程序代码设置如下：

```
protected void Button_Click(object sender, EventArgs e)
{
    string text=((Button)sender).Text;
    Message.Text=" 用户单击 "+text ;
}
```

其中，(Button)sender 会将 sender 转换成按钮控件，这样就可以取得触发这个事件的按钮，再引用其属性，获得按钮的显示文字。

程序运行结果如图 3-15 所示。

图 3-15　范例 3-9 程序运行结果

现在无论单击哪个按钮，都会取得此按钮的 Text 属性名称，然后显示在网页上。

3.5　设计类

除了包装函数，还需要更进一步组织程序代码以利于大型应用程序的开发，本节介绍如何通过类设计、建立需要的应用程序功能。

类将功能程序代码进一步包装成独立的文件，以方便外部程序代码共享。要建立一个类，必须添加一个类文件，如图 3-16 所示。

图 3-16　添加类文件

在"添加新项"对话框中，选择"代码"→"类"选项，并在下方的"名称"文本框中，输入所要建立的类文件名，就可以加入一个新的类文件。

以下是新建类文件 TClass.cs 的内容：

```
using System;
using System.Collections.Generic;
using System.Linq;
using System.Web;
namespace CH03
{
    public class TClass
    {
```

```
        ...
      }
  }
```

其中，class 是定义类的关键词，TClass 则是自定义的类名称，这个名称未来作为类的依据。有了这个框架，就可以将函数写在里面，任何程序代码就可以通过这个类引用其中的功能。

除了类本身的定义，其程序的编写与一般的程序代码无异，下面利用一个范例进行讨论。

【范例3-10】示范 Class 设计。

（1）建立一个类文件，内容如下：

TClass.cs

```
namespace CH03
{
    public class TClass
    {
        public string Hmessage(string name )
        {
            string message="Hello,"+name+"!";
            return message;
        }
    }
}
```

其中，函数 Hmessage() 接收一个 string 参数，在其中将参数合并之后，建立新的字符串返回。由于此函数在一个独立的类文件中，因此可以由任意的网页进行引用。

（2）建立测试网页，并且于其中配置测试控件：

ClassDemo.aspx

```
<body>
    <form id="form1" runat="server">
    <div>
        <asp:TextBox ID="TextBox1" runat="server"></asp:TextBox>
        <asp:Button ID="Button1" runat="server" Text="Button"
          OnClick="Button1_Click" />
        <p><asp:Label ID="Label1" runat="server" Text="Label"></asp:Label>
        </p>
    </div>
    </form>
</body>
```

注意：在其中的 Button1_Click() 函数中，通过上述的类文件，建立响应消息的功能。以下为后置程序代码：

```
protected void Button1_Click(object sender, EventArgs e)
{
    string name=TextBox1.Text;
```

```
    TClass tc=new TClass();
    string message=tc.Hmessage(name);
    Label1.Text=message;
}
```

其中，最关键的地方在于建立 TClass 对象，并且将其存储在 tc 变量中。接下来就可以利用这个变量，引用 Hmessage() 函数，并且将获得的文字内容当作参数输入。

图 3-17 所示为程序一开始的运行画面，在其中输入想要网页响应的文字，单击 Button 按钮，会得到响应消息，如图 3-18 所示。

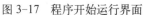

图 3-17　程序开始运行界面

图 3-18　输入文字后的运行界面

通过以上这个范例，我们看到了初步的类的应用。读者可以自行建立其他的网页，模仿这个范例的作法，引用类建立自己的信息功能网页。相对于函数，类可以更进一步扩充应用程序，同时更为灵活。当设计大型应用系统时，善用类组织程序代码，可以建立更强固的系统项目。

小　结

本章针对 C# 语法进行了初步讨论，从最基本的语法元素，到最后的结构化程序设计、函数与类的建立与应用，进行入门的示范与说明。经过本章的学习，使读者具备基础的 ASP.NET 程序设计能力。

习　题

1. 参考以下的程序代码：

```
int i=100;
i=i-32;
```

请建立一个网页，输出这段程序中运算后的变量 i，说明其结果值。

请参考 3.3 节。

2. 承上题，假设配置以下程序代码：

```
if(i>50)
{
    Response.Write("数值 i>50");
}
```

```
else{
    Response.Write("数值 i<50");
}
```

请说明输出为何？

输出"数值 i>50"，因为 100-32 为 68 。

3. 说明以下程序片段的运算逻辑。

```
switch (cvalue)
{
    case v1 :
        // ...
        break;
    case v2 :
        // ...
        break;
        // ...
    default :
        // ...
        break;
}
```

解释其中的执行流程。

参考 3.2 节的语法说明。

4. 考虑以下两组语法：

```
for (int loop=0; loop<10; loop++){
    // 循环程序代码...
}
foreach (int i in array)
{
    // foreach 循环程序代码 ...
}
```

请说明这两种语法的运算逻辑与差异。

参考 3.3 节的语法说明。

5. 以下两种循环均是 while 循环：

```
while (condition)
{
    // while 判断式程序代码...
}

do
{
```

```
    // do…while 判断式程序代码…
}while(condition)
```

请说明这两种循环的差异。

第一种 while 循环根据其中的条件式 condition 决定是否执行花括号中的程序代码。

第二种 do…while 循环，至少先执行一次，再根据 while 条件式 condition 决定是否继续执行花括号中的程序代码。

6. 承上题，如果想要强制中止循环，请说明如何设置。

在需要终止的地方，设置 break 关键词。

7. 考虑以下配置，请说明其中关键词与名称结构的意义。

```
void DoSome()
{
    // 函数功能程序代码

}
```

DoSome 是一个函数名称，void 表示这个函数执行完毕之后没有任何返回值。

8. 以下是另外一组函数，请说明其中关键词与名称的意义。

```
string DoSome()
{
    // 函数功能程序代码
    return  message;
}
```

DoSome 是一个函数名称，string 表示这个函数执行完毕之后将返回一个字符串信息，而 return 进行返回作业，message 为返回的字符串。

9. 考虑以下的配置

```
string DoSome(t1 p1,t2 p2)
{
    // 函数功能程序代码
    return  message ;
}
```

请说明其中的 p1 与 p2 的用途，以及 t1、t2 的意义，并说明如何调用这个函数。

p1 与 p2 是函数参数，t1 与 t2 为其类型，在调用的 DoSome 时直接传入即可，p1 与 p2 必须符合 t1 与 t2 的类型。

10. 参考以下的配置：

```
protected void E_Click(object sender, EventArgs e)
{
```

```
    // 事件响应程序代码
}
```

这是按钮的事件处理程序，请说明其中参数 sender 与 e 的意义。

第一个参数 sender 为所触发的按钮，e 则具有按钮的数据信息。

11. 承上题，请说明如何通过 sender 取得按钮的参照。

((Button)sender)

12. 请说明定义类别的语法。

参考 3.5 节的讨论。

第 4 章
调试机制与源设置

4.1 关于程序错误

程序设计过程中，一定会出现各种错误，因此程序设计人员在不断提高 C# 程序设计能力的同时，还需要培养处理错误的能力。

ASP.NET 的返回网页，主要包含两种形式的错误信息：原始程序错误和堆栈跟踪，其中原始程序错误显示发生错误的程序代码内容，堆栈跟踪则是导致程序发生错误的运行程序。下面利用一个简单的范例，示范 ASP.NET 网页所显示的错误信息页面。

【范例 4-1】错误调用堆栈。

（1）建立一个测试类文件，编写测试程序代码如下：

Ucls.cs

```
namespace CH04
{
    public class Ucls
    {
        public void CBoolean(Object o)
        {
            bool b=bool.Parse(o.ToString());
        }
    }
}
```

其中，CBoolean() 函数接收一个 Object 类型参数 o，将这个参数转换成对应的 bool 类型。参数 Object 是任何类型，因此可以输入任何数据，因此，在 bool.Parse 这一行程序代码可能出现转换错误，因为 bool 类型只接收 true 与 false。

（2）建立另一个测试网页 ShowCallStack.aspx，打开后置程序代码，在其中配置如下内容：

ShowCallStack.aspx.cs

```
namespace CH04
{
    public partial class ShowCallStack:System.Web.UI.Page
    {
```

```
protected void Page_Load(object sender, EventArgs e)
{
    object o="bool";
    Ucls ucls=new Ucls();
    ucls.CBoolean(o);
}
}
}
```

其中，o 是一个字符串，没有办法转换成为 bool 类型的值，因此输入 ucls.CBoolean() 方法时，会产生转换错误。

当网页在浏览器中运行时，IIS 返回以下错误信息，可以看到其中显示了上述提及的源程序错误以及堆栈跟踪错误信息，如图 4-1 所示。

图 4-1 显示的错误信息

源程序错误可以看到出错的程序代码，由于程序运行是个复杂的过程，必须持续跟踪到错误发生的源头，才能找到真正的问题，并且对其进行适当的处理。

接下来的堆栈跟踪显示一连串程序的运行过程，包含 ASP.NET 底层运行的相关程序，从一开始的提示说明，可以很清楚地了解程序发生错误的原因。

```
[FormatException: 字符串未被辨认为有效的 Boolean。]
```

其中，提示 bool 字符串不是一个合法的布尔类型数据，调整这个值以修正错误，后续的信息则依序列举导致此错误发生的程序运行过程，也就是过程调用堆栈。以下这一行是出错的程序代码：

```
System.Boolean.Parse(String value)
```

持续追溯至 CBoolean() 方法：

```
CH04.Ucls.CBoolean(Object o)
```

而 CBoolean 则来自 Page_Load：

```
CH04.ShowCallStack.Page_Load(Object sender, EventArgs e)
in G:ASP.NET\Example\CH04\CH04\ShowCallStack.aspx.cs:16
```

了解如何设置网页的调试模式后，还需要特别注意调试模式的设置。打开项目中的源文件 Web.config，内容如下：

```
<?xml version="1.0"?>
<!--
    如果需要如何设置 ASP.NET 应用程序的详细信息，请访问
    http://go.microsoft.com/fwlink/?LinkId=169433
-->
<configuration>
  <system.web>
  <compilation debug="true" targetFramework="4.5.2"/>
    <httpRuntime targetFramework="4.5.2"/>
  </system.web>
  <system.codedom>
    <compilers>
      ...
    </compilers>
  </system.codedom>
</configuration>
```

其中，compilation 项目中默认 debug="true"，表示这个网页是在调试模式，因此可以看到上述的错误输出。当系统完成开发准备上线时，必须特别注意将其设置为 false，从而可以避免在模式出错时显示错误内容。

4.1.1　Trace 与输出信息跟踪

如果想更进一步解读网页运行过程中的相关信息，ASP.NET 提供了另外一个信息跟踪机制，可以让用户获得运行过程中所产生的详细数据内容。若要启动网页信息跟踪功能，只需在 page 指令行中加入 Trace ="true"。例如：

```
<%@ Page Language="C#"  Trace="true"… %>
```

有了 Trace 的设置，网页被浏览时就会列出所有运行过程中的相关信息。现在调整上述测试网页，加入 Trace ="true" 语句，运行结果如图 4-2 所示。

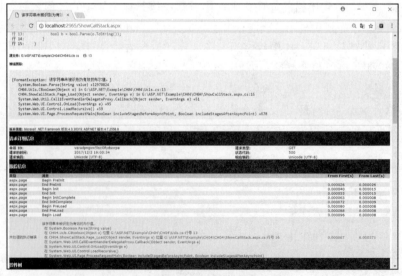

图 4-2　列出运行过程中的相关信息

将运行过程中的详细信息进行分类，如表 4-1 所示。

表 4-1 运行过程中的详细信息分类

信 息 项 目	说 明
要求的详细信息	网页运行的相关元数据，包含应用程序标识符、要求类型与编码方式等信息。元数据包含应用程序的相关信息，可在应用程序运行期间被取出
跟踪信息	网页各阶段运行程序所花费的时间
控件树状结构	用于网页中的控件信息，按控件之间的继承关系列举，包含使用的内存大小等。这一个简单的范例没有任何控件，所能看到的是唯一的一个网页对象 page。可以尝试加入一个控件，查看其输出结果
Cookie 集合	网页送出的请求中，所包含的 Cookies
文件头集合	被传送至服务器作处理的要求，其中的 HTTP 为标头信息
服务器变量	相对于 Request 对象的服务器变量集合内容
窗体集合	通过窗体传送的相关信息

下面重新建立另外一个范例进行讨论。

【范例 4-2】跟踪运行信息。

（1）建立另外一个网页 ShowTrace.aspx，并且在网页一开始设置 Trace="true" 时，在其中配置一个文本框以按钮来提供测试需求：

```
<%@ Page Language="C#" AutoEventWireup="true" CodeBehind="ShowTrace.aspx.cs"
Inherits="CH04.ShowTrace" Trace="true" %>
<!DOCTYPE html>
<html xmlns="http://www.w3.org/1999/xhtml">
<head runat="server">
<meta http-equiv="Content-Type" content="text/html; charset=utf-8"/>
    <title></title>
</head>
<body>
    <form id="form1" runat="server">
    <div>
        <asp:TextBox ID="Boolbox" runat="server">
        </asp:TextBox>

        <asp:Button ID="Boolbutton"runat="server"Text=" 传送 "
            OnClick="Boolbutton_Click" />
    </div>
    </form>
</body>
</html>
```

（2）设置其中的按钮 OnClick 的属性，切至后置程序代码，配置如下内容：

ShowTrace.aspx.cs

```
namespace CH04
{
    public partial class ShowTrace:System.Web.UI.Page
    {
        protected void Page_Load(object sender, EventArgs e)
```

```
            {
                ...
            }
        protected void Boolbutton_Click(object sender, EventArgs e)
            {
                string b=Boolbox.Text;
                Ucls ucls=new Ucls();
                ucls.CBoolean(b);
            }
        }
    }
```

当用户单击这个按钮时，获得文本框的值，将其输入 Ucls 类的 CBoolean() 函数中，当用户输入的不是合法的 bool 字符串时，就可能产生错误。

程序运行结果如图 4-3 所示。

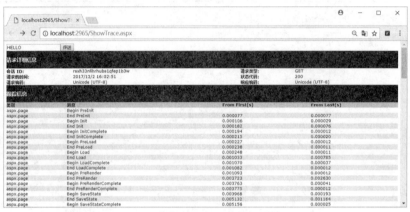

图 4-3　范例 4-2 程序运行结果

由于打开了跟踪设置，因此程序一开始运行就会出现以上的追踪界面。现在于其中输入不合法的字符串 HELLO，单击"传送"按钮，会出现错误结果，如图 4-4 所示。

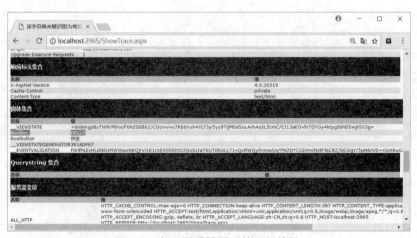

图 4-4　打开跟踪设置后的运行结果

将界面往下拉动，找到"窗体集合"信息块，可以看到其中列举出所传送的 Boolbox 参数

HELLO。复杂的系统开发过程，开发人员可以通过这些信息进一步了解错误出现的真正原因。

单纯的程序语法错误，网页测试阶段几乎可以通过调试模式的支持，完全将其从程序中排除。网页开发人员需要进一步处理的是网页运行期间可能产生的错误，例如这个范例中，无法预期用户会输入什么样的数据，这种可能的错误必然会在运行过程中发生，没有办法直接通过调整程序代码避免，因此需要另外一套处理模式。

1. try...catch 语句

想要处理 ASP.NET 网页运行期间所产生的错误，最好的作法是利用 try...catch 语句，捕捉网页所可能发生的错误，并且在不干扰用户的情形下，适当地结束网页的运行，提供友善的信息。try...catch 语句的语法架构如下：

```
try
{
    // 监控的程序区段...
}
catch (Exception ex)
{
    // 错误处理程序区段...
}
```

整个 try...catch 语句由 try 与 catch 组织，可能发生错误的程序代码放置于 try 后面的花括号进行监控，catch 后方的花括号则配置错误处理程序代码。

当网页开始运行时，一旦受监控的程序代码发生错误，程序流程会马上跳到 catch 以下的花括号中，开始运行错误处理程序代码。开发人员必须在这段程序代码块中编写处理网页错误所需的程序代码，并针对网页程序块可能发生的错误，提供所需的处理程序，而不是任由网页中断运行。

使用 try...catch 语句除了上述的语法架构之外，还需要特别关注异常类 Exception。当网页程序发生错误的时同，系统会产生一个另外类型的对象，其中包含了与错误相关的详细数据内容，程序员可通过此对象取得错误信息。

catch 最主要的意义在于捕捉此系统所产生的对象，也就是上述语法 catch 关键词后面的 Exception 对象。这个对象提供了必要的属性成员，引用相关成员就能够取出所需的错误信息。

下面通过一个范例说明如何将 try...catch 语句架构嵌入程序代码中，进行程序错误的相关处理操作。

【范例 4-3】运用 try...catch 语句。

（1）在新建立的 Utrycatch.aspx 网页文件，配置如图 4-5 所示的内容。

图 4-5　配置网页内容

这个界面让用户输入两个整数，并且在单击"求和"按钮之后进行求和运算，将结果输出在下方的 Label 控件中。

```
<%@ Page Language="C#" AutoEventWireup="true"
    CodeBehind="Utrycatch.aspx.cs" Inherits="CH04.Utrycatch" %>
<!DOCTYPE html>
<html xmlns="http://www.w3.org/1999/xhtml">
<head runat="server">
<meta http-equiv="Content-Type" content="text/html; charset=utf-8"/>
    <title></title>
</head>
<body>
    <form id="form1" runat="server">
    <div>
        <asp:TextBox ID="txtA" runat="server">
        </asp:TextBox>
        +
        <asp:TextBox ID="txtB" runat="server">
        </asp:TextBox>
        <asp:Button ID="buttonSum" runat="server" Text=" 求和 "
            OnClick="buttonSum_Click"/>
    </div>
     <p>
        结果:  <asp:Label ID="total" runat="server" Text="Label">
            </asp:Label>
    </p>
    </form>
</body>
</html>
```

从源文件的内容中可以看到针对每个控件,设置了其对应的 ID 属性以支持相关的运算访问。

(2) 切换至后置程序代码,配置如下的内容:

Utrycatch.aspx.cs

```
namespace CH04
{
    public partial class Utrycatch:System.Web.UI.Page
    {
        protected void Page_Load(object sender, EventArgs e)
        {
        …
        }
        protected void buttonSum_Click(object sender, EventArgs e)
        {
            try
            {
                int a=int.Parse(txtA.Text);
                int b=int.Parse(txtB.Text);
                int c=a+b;
                total.Text=c.ToString();
```

```
        }
        catch(Exception ex)
        {
            total.Text=ex.Message;
        }
    }
}
```

buttonSum_Click() 于用户单击按钮后运行，其中分别取得输入文本框的数字，并且将其转换为整数进行求和，最后设置为 Label 控件的 Text 属性值，显示在界面上。

如果用户输入的不是数字而是其他文字，则会发生转换失败的错误，这时会产生一个对应的对象，程序代码会跳到 catch 后面，运行其中的内容，而产生的 Exception 对象会当作参数输入，因此针对 ex 引用对应的 Message 属性，即可取得消息正文。

程序运行结果如图 4-6 所示。

图 4-6 范例 4-3 程序运行结果

在正常的情形下，在界面上输入两个整数，单击“求和”按钮，会出现求和结果。现在于第二个字段输入非整数字符 B，单击“求和”按钮，此时画面上显示“输入字符串的格式不正确。”的错误信息，如图 4-7 所示。

图 4-7 输入非整数字符后的运行结果

再一次修改输入的数字，程序运行结果如图 4-8 所示。

图 4-8 输入数值超过最大允许值时的运行结果

这一次输入的虽然是数字，但是由于数值已经超过整数所允许的最大值，因此出现对应的说明信息。

2. 加入 finally

try...catch 语句还有一个选用的 finally 语句块，用来进行 try...catch 语句完成后的相关操作。无论 try...catch 运行过程与结果如何，finally 区域最后均会被运行。用户可以在 finally 区域中进行一些必要的设置。

某些程序运行流程（例如数据库的更新），无论是否发生错误，都必须将所使用的连接结束，以防止耗用不必要的资源。如果将关闭连接的程序代码放在 try 语句监控块，将导致发生错误时程序流程直接略过此区域，进行 catch 错误捕捉，finally 块可以确保每一次工作均会进行。

现在修改上述范例 try...catch 语句并在其中加入 finally 语句，在每次运行求和运算完成之后显示提示信息。

```
try
{
    int a=int.Parse(txtA.Text);
    int b=int.Parse(txtB.Text);
    int c=a+b;
    total.Text=c.ToString();
}
catch (Exception ex)
{
    total.Text=ex.Message;
}
finally
{
    total.Text+="<br/>完成求和操作 ";
}
```

程序运行结果如图 4-9 所示。

图 4-9　加入 finally 语句后的运行结果

其中，无论程序是否有错误，都可以看到完成求和运算的信息。

3. Exception 对象与更精确的异常捕捉

上一节的范例，直接引用了 Exception 对象的 Message，取得程序错误的相关信息，对于复杂的系统开发，这样的信息获取是不够的，需要进一步改善错误处理机制，为网页用户提供更友善的浏览接口。下面利用一个实作的范例进行讨论。

【**范例 4-4**】Exception 对象与精确的异常捕捉。

建立范例网页 UtrycatchException.aspx，内容与示范 try...catch 的范例 UtrycatchException. aspx 完全相同，切换至后置程序代码，调整其中的 catch 语句块内容程序代码。

```
catch (Exception ex)
{
    total.Text=ex.ToString();
}
```

这一次直接将取得的 ex 转换成对应的消息正文输出，如此就可以得到完整的错误信息。现在重新运行网页，输出结果如图 4-10 所示。

图 4-10　范例 4-4 程序运行结果

此时可以完整地看到错误的说明。注意，除了消息正文之外，一开始标示的 System. FormatException，表示这次的错误是一种格式转换错误，这种错误由 FormatException 所表示，而 FormatException 本身也是一种 Exception。

下面的这个运行界面，输入超出整数最大范围的数值，在返回信息中，表示这是一种溢出错误，由 OverFlowException 定义此种错误，如图 4-11 所示。同样，OverFlowException 也是一种 Exception。

图 4-11　输入超出范围数值后的运行结果

从上述范例中，读者可以看到每一种不同类型的错误，都有其对应的 Exception，对于简单的范例程序，直接用 catch 处理单一的 Exception 便已足够，而实际的在线应用开发，则需要更精确的作法，针对每一种可能产生的 Exception 进行 catch 处理，如此才能更妥善地处理应用程序错误。

现在回到后置程序代码，在其中配置多重 catch 语句，调整如下：

```
protected void buttonSum_Click(object sender, EventArgs e)
{
    try
    {
        int a=int.Parse(txtA.Text);
        int b=int.Parse(txtB.Text);
        int c=a + b;
        total.Text=c.ToString();
    }
    catch (FormatException ex)
    {
        total.Text=" 格式转换错误，请输入整数数值数据 ";
    }
    catch(OverflowException ex)
    {
        total.Text=" 数值太大，请输入小于整数数值范围的数字 ";
    }
    catch(Exception ex)
    {
        total.Text=ex.ToString();
    }
}
```

除了 Exception 之外，这一次针对 FormatException 及 OverflowException 均同时设置了 catch，此后，每当有错误出现时，系统会从第一个 catch 往下逐一对比，直到对比成功，然后运行其中的程序代码，完成后，跳出整个 try...catch 语句块。

重新运行这个范例，读者可以从输出界面中，看到精确捕捉错误的输出结果，如图 4-12 所示。

图 4-12　精确捕捉错误的输出结果

4.2　源设置

ASP.NET 应用程序本身包含了各种控制程序行为的源信息，并且利用源文件存储相关的设置信息。源文件通常存在于应用程序的根目录，或者特定的子目录中，文件名为 Web.config 的纯文本文件。一个 ASP.NET 应用程序通常可以包含一个以上的源文件。

源文件是一种以 XML 格式为基础的文本文件，内容由各种特定的标签元素组成，每一个标签同时包含了开始与结束标记。其中容纳了各种设置应用程序源所需的区段标签以及属性与键值对。<configuration> 是源文件最外层的标签，同时以 </configuration> 结束，所有源的设置都写在这一组标签中。

图 4-13 所示为建立 ASP.NET 应用程序项目时，产生的默认源文件 Web.config 的内容。这个源文件被建立在项目的根目录下，其中包含了代表各种应用程序信息的设置标签、状态设置、安全认证等。

图 4-13 默认源文件 Web.config 的内容

由于源文件中的所有设置，会直接影响整个项目中网页的行为，因此可以将共享的设置写在源文件中。例如本章之前所讨论的程序调试，将 debug="true" 直接设置在这个源文件中。

小　结

本章针对 C# 程序设计中容易出现的错误，对调试机制与源设置进行了比较全面的介绍，包括错误说明、网页调试技术讨论、简要的组态文件内容讨论等。具体如下：

（1）ASP.NET 主要包含两种可供处理的错误信息：原始程序错误和堆栈跟踪。原始程序错误显示发生错误的程序代码；堆栈跟踪则是导致程序发生错误的运行程序。

（2）显示程序代码内容有两种方式：将 Debug=true 指示词加入产生错误的程序代码顶端；通过源文件进行设置。

（3）ASP.NET 提供了另外一个信息跟踪机制，可以让用户获得运行过程中所产生的详细数据内容。启动跟踪必须在 page 指令行加入 Trace ="True" 设置。

（4）Try...Catch 语句是 ASP.NET 的调试语句，语法架构如下：

```
Try
    监控程序块 …
Catch ex As Exception
    错误处理块 …
End Try
```

（5）当网页程序发生错误的时同，系统会产生一个 Exception 异常类型对象，其中包含了与错误相关的详细数据内容，程序员则通过此对象取得错误信息。

（6）Finally 块用来进行 Try...Catch 语句完成后的相关操作。

（7）Err 是 ASP.NET 提供的专属对象，提供了一些可供引用以获取错误信息的属性，可以针对此对象所提供的内容信息，提供精确的错误处理。

（8）捕捉 Err 必须通过 when 子句检查 Err 对象的相关属性以进行错误处理。

（9）ASP.NET 应用程序本身包含了各种控制程序行为的源信息。

（10）源文件通常存在于应用程序的根目录存储相关的设置信息，文件名为 web.config，是一种以 XML 格式为基础的文本文件。ASP.NET 应用程序通常可以包含一个以上的源文件。

通过本章的学习，可培养学生处理错误的能力。

习 题

1. 说明 ASP.NET 可供处理的错误信息以及其意义。

2. 如果想要网页显示详细的运行过程，必须怎么做？另外，如果想要网页返回详细的错误信息，又该如何进行设置？

3. 说明何谓源文件，简述其如何进行设置。

4. 简要说明以下程序架构的执行流程。

```
try
{
    //...
}
catch (Exception ex)
{
    // ...
}
```

参考 4.1.1 节的讨论。

5. 承上题，请说明以下程序片段中，finally 与上述 try...catch 之间的关联与作用。

```
try
{
    //...
}
catch (Exception ex)
{
    // ...
}
finally
{
    //
}
```

参考 4.1.1 节的讨论。

6. 在 try...catch 会配置 Exception 类型的参数，请说明其功能。

Exception 封装错误数据，当错误发生时，相关的信息会被封装在 Exception 对象回传。

7. 简述 ASP.NET 中 Web.config 文件的作用。

请参考 4.2 节的讲解。

第 5 章

基 础 控 件

5.1 关于 Web 控件设置

ASP.NET 将 HTML 标签对象化，使得能够通过编写 C# 程序来控制及管理网页窗体内部的标签。对象化的 HTML 标签由服务器翻译并控制其行为，此类标签有两种：比较简单的 HTML 控件和功能较为复杂的 Web 控件，主要差异在于 HTML 控件不具备数据细节能力，因此在数据输出的格式设置上比较麻烦。

Web 控件除了具备 HTML 控件所具有功能之外，还具有其他的特殊功能，例如，用来检验数据正确的验证控件或者丰富网页内容的广告看版。最重要的是，它具有支持数据细节的能力，让用户能够通过它来显示或修改数据库中记录的内容。

Web 控件中的所有组件都来自于 System.Web.UI.WebControls 这个名称空间，包含一般的 Web 控件与添加的控制组件。一般可将它区分成四大类，如表 5-1 所示。

表 5-1　Web 控件分类

名　　称	说　　明
一般控件	与一般的 HTML 标签相同
数据显示控件	用来显示数据库内的记录内容
验证控件	用来检验用户所输入的数据是否正确
丰富控件	提供了一些添加的控件，例如，日历控件或者广告回旋版

下面从控件的属性开始，逐一讨论各种控件，并且示范其用法。

5.2　Web 控件的基础属性

所谓基础属性是指所有的 Web 控件都具有的属性，也可将其称作共通属性，如表 5-2 所示。

表 5-2　Web 控件的基础属性

属　　性	说　　明
AccessKey	可用来设置组件的键盘快捷方式

续表

属 性	说 明
BackColor	设置背景颜色
BorderColor	设置边框的颜色
BorderWidth	设置边框的宽度
BorderStyle	设置边框的样式
Enabled	设置是否能使用该组件
Font	与字符相关的设置
ForeColor	设置前景颜色
Height	设置组件的高度
TabIndex	设置组件的 Tab 顺序
Visible	设置是否能看见该组件
Width	设置组件的宽度

1. AccessKey 属性

Accesskeg 属性用来设置控件的快捷键，可指定一个数值或英文字母给这个属性。当用户按下键盘上的【Alt】键并指定此属性的值，便会选取该控件。例如，指定了按钮控件的 AccessKey 属性值为 P，只要用户按下【Alt+P】组合键，即表示单击该按钮。

【范例 5-1】使用 AccessKey 属性。

AccessKey.aspx

```
<body>
    <h2> 使用 AccessKey 属性 </h2>
    <form id="form1" runat="server">
        <div>
                按 Alt+2 键也可以哦! <br>
                <asp:Button ID="Button1" runat="Server" Text=" 按我 (2)"
                    OnClick="Button1_Click" AccessKey="2" />
            <p>
                    <asp:Label ID="Label1" runat="Server" />
            </p>
        </div>
    </form>
</body>
```

针对 Button 控件设置了 AccessKey 属性值为 2，因此当用户按下【Alt+2】组合键时，即表示单击了按钮，并触发 OnClick 事件。

切换至后置程序代码，建立 Button1_Click 的内容，以显示被单击的效果。

```
    protected void Button1_Click(object sender,
EventArgs e)
    {
        Label1.Text=" 欢迎使用 AccessKey 属性! ";
    }
```

程序运行结果如图 5-1 所示，当单击界面中的"按我"按钮时，会出现"欢迎使用 AccessKey 属性 !!"的信息。

图 5-1 范例 5-1 程序运行结果

2. BackColor 与 ForeColor

BackColor 属性用来设置背景色，而 ForeColor 属性通常用来设置文字的前景色。设置颜色的方法有以两种：

```
方式 1: ForeColor=" 颜色名称 "
方式 2: ForeColor="#RRGGBB"
```

其中，方式 1 的设置较为直观，方式 2 的设置方式是以颜色的 RGB 十六进位值（0~F）来设置，虽然不太容易设置，但却可以进行颜色微调。

【范例 5-2】使用 BackColor 及 ForeColor 属性。

BFColor.aspx

```
<body>
    <h2>BackColor 与 ForeColor 属性 </h2>
    <form id="form1" runat="server">
        <asp:Label ID="Label1" runat="Server"
            BackColor="pink" Text=" 我的背景色是粉色 " />
        <p>
            <asp:Label ID="Label2" runat="Server"
                ForeColor="Red" Text=" 我的前景色是红色 " />
        </p>
    </form>
</body>
```

其中两个 Label 控件的差别在于，前者在设置了 BackColor 属性，而后者则设置了 ForeColor 属性。

程序运行结果如图 5-2 所示。

3. Enabled 属性

Enabled 属性可以用来设置是否能使用该控件，当属性值为 True 时，表示能使用该控件，反之则不可使用。下面通过一个 Button 控件的设置进行说明。

【范例 5-3】使用 Enabled 属性。

图 5-2　范例 5-2 程序运行结果

SetEnabled.aspx

```
<body>
    <h2> 使用 Enabled 属性 </h2>
    <form id="form1" runat="server">
        <asp:Button ID="Button1" runat="Server"
            Text=" 这个按钮可以按 " Enabled="True" />
        <p>
        <asp:Button ID="Button2" runat="Server"
            Text=" 这个按钮不能按 " Enabled="False" />
        </p>
    </form>
</body>
```

其中分别设置了两个 Button 控件，并分别设置 Enabled 属性为 True 及 False。

程序运行结果如图 5-3 所示。

图 5-3　范例 5-3 程序运行结果

4．Visible 属性

Visible 属性可以设置控件的显示与否，当属性值为 True 时，便可在网页上看到该控件，若为 False，则无法看到。

【范例 5-4】使用 Visible 属性。

SetVisible.aspx

```
<body>
    <h2>使用 Visible 属性</h2>
    <form id="form1" runat="server">
        <div>
            这个控件的 Visible 属性为 True
            <asp:Button ID="Button1" runat="Server"
                Text="看得见" Visible="True" />
            <p>
                这个控件的 Visible 属性为 False
            <asp:Button ID="Button2" runat="Server"
                    Text="看不见" Visible="False" />
            </p>
        </div>
    </form>
</body>
```

其中设置了两个 Button 控件，并分别设置 Visible 属性为 True 及 False。

程序运行结果如图 5-4 所示。

图 5-4　范例 5-4 程序运行结果

5．Font 属性

Font 属性可以用来设置字符的外观，但其无法单独使用，需与其他子属性（例如 Bold 或

Size）互相配合才能正常使用，可设置的子属性如表 5-3 所示。

表 5-3　Font 的子属性

子　属　性	说　　　明
Bold	设置是否为粗体字，若设置值为 True，则为粗体
Italic	设置是否为斜体字，若设置值为 True，则为斜体
Name	设置字符名称
Names	设置多组字符名称
Overline	设置是否要在对象上加底线，设置值为 True，则加底线
Size	设置字号
Strikeout	设置是否要加删除线，若设置值为 True，则加上删除线
Underline	设置是否要加底线，若设置值为 True，则在对象下方加底线

　　其中的 Name 属性只能设置一组字符供对象使用，而 Names 属性则可设置许多不同的字符供对象使用。这些子属性的使用方式很容易，相关语法如下：

```
Font-子属性名称 =" 设置值 "
```

例如，若想要将字体设置为斜体，可写成 Font-Italic="True"。

　　【范例 5-5】使用 Font 属性。

SetFont.aspx

```
<body>
    <h2>使用 Font 属性 </h2>
    <form id="form1" runat="server">
        <asp:Label ID="Label1" runat="Server"
            Text="Font-Itaic=True" Font-Italic="True" />
        <br />
        <asp:Label ID="Label2" runat="Server"
            Text="Font-Size=24" Font-Size="24" />
        <br />
        <asp:Label ID="Label3" runat="Server"
            Text="Font-Name= 楷体 " Font-Name=" 楷体 " />
    </form>
</body>
```

　　在这个程序中，分别配置了 3 个 Label 控件设置 Italic、Size、Name 这 3 个 Font 子属性，改变所呈现的文字外观。

　　程序运行结果如图 5-5 所示。

图 5-5　范例 5-5 程序运行结果

6. BorderWidth 属性

BorderWidth 属性可以设置控件的边框大小，其使用方式相当简单，以下直接通过范例进行示范说明。

【范例 5-6】使用 BorderWidth 属性。

SetBorderWidth.aspx

```
<body>
    <h2> 使用 BorderWidth 属性 </h2>
    <form id="form1" runat="server">
        <asp:Label ID="Label1" runat="Server"
            Text=" 没有边框 " BorderWidth="0" />
        <p>
            <asp:Label ID="Label2" runat="Server"
                Text=" 边框大小为 8" BorderWidth="8" />
        </p>
    </form>
</body>
```

其中配置了两个 Label 控件，并分别设置 BorderWidth 属性为 0 及 8。

程序运行结果如图 5-6 所示。

图 5-6　范例 5-6 程序运行结果

7. BorderColor 属性

BorderColor 属性可以设置外框的颜色，但要将设置的颜色显示出来，BorderWidth 属性值至少需要为 1，而设置此属性的方法一样可分为颜色名称及颜色的十六进位值两种。

【范例 5-7】使用 BorderColor 属性。

SetBorderColor.aspx

```
<body>
    <h2> 使用 BorderColor 属性 </h2>
    <form id="form1" runat="server">
        <div>
            <asp:Label ID="Label1" runat="Server" Text=" 黄色的边框 "
                BorderWidth="2" BorderColor="Yellow" />
            <p>
                <asp:Label ID="Label2" runat="Server" Text=" 蓝色的边框 "
                    BorderWidth="2" BorderColor="Blue" />
            </p>
```

```
            </div>
        </form>
</body>
```

此程序同样使用了两个 Label 控件，并分别设置 BorderColor 属性为 Yellow 及 Blue。
程序运行结果如图 5-7 所示。

图 5-7　范例 5-7 程序运行结果

8. BorderStyle 属性

除了可为控件设置边框大小与颜色之外，还可以通过 BorderStyle 属性来设置边框的样式。
此属性可设置的样式如表 5-4 所示。

表 5-4　BorderStyle 属性可设置的样式

属 性 值	说 明
Dashed	虚线外框，点与点之间的间距较大
Dotted	虚线外框，点与点之间的间距较小
Double	双线外框
Solid	实线外框
InSet	对象呈现凹下状
OutSet	对象呈现凸起状
NotSet	未设置，此为默认值
None	没有外框
Ridge	突起状的外框
Groove	凹下状的外框

当将 BorderStyle 属性设置为 Double 时，BorderWidth 属性至少需要为 3，如此才能看出
此属性值的效果。

【范例 5-8】使用 BorderStyle 属性。

SetBorderStyle.aspx

```
<body>
    <h2>使用 BorderStyle 属性 </h2>
    <form id="form1" runat="server">
        <asp:Label ID="Label1" runat="Server"
            Text="Dashed" BorderStyle="Dashed" />
```

```
        <asp:Label ID="Label2" runat="Server"
            Text="Dotted" BorderStyle="Dotted" />
        <asp:Label ID="Label3" runat="Server"
            Text="Double" BorderStyle="Double"
            BorderWidth="3" />
        <asp:Label ID="Label4" runat="Server"
            Text="Solid" BorderStyle="Solid"
            BorderWidth="3" />
        <p>
        <asp:Label ID="Label5" runat="Server"
            Text="InSet" BorderStyle="InSet" />
        <asp:Label ID="Label6" runat="Server"
            Text="OutSet" BorderStyle="OutSet" />
        <asp:Label ID="Label7" runat="Server"
            Text="Ridge" BorderStyle="Ridge" />
        <asp:Label ID="Label8" runat="Server"
            Text="Groove" BorderStyle="Groove" />
        </p>
        <p>
        <asp:Button ID="Button9" runat="Server"
            Text="NotSet" BorderStyle="NotSet" />
        <asp:Button ID="Button10" runat="Server"
            Text="None" BorderStyle="None" />
        </p>
    </form>
</body>
```

范例中使用 Label 控件来呈现设置 BorderStyle 属性后的效果，其中设置 BorderWidth="3"，以方便观察和比较 Double 与 Solid 属性的差异。

由于 Label 控件并无外框，因此最后改为 Button 控件来呈现 NotSet 及 None 属性的效果。程序运行结果如图 5-8 所示。

图 5-8　范例 5-8 程序运行结果

9. TabIndex 属性

TabIndex 属性可让用户设置按下【Tab】键时，焦点在 Web 控件上的移动顺序。若未指定此属性，则会以默认值 0 来代替。当控件的 TabIndex 属性值都相同时，则会以控件配置的先后顺序来决定移动顺序。

【范例 5-9】使用 TabIndex 属性。

SetTabIndex.aspx

```
<body>
    <h2>使用 TabIndex 属性</h2>
    <form id="form1" runat="server">
        <div>
            <asp:Button ID="Button1" runat="Server"
                Text="TabIndex=2" TabIndex="2" OnClick="Button_Click"/>
            <p>
                <asp:Button ID="Button2" runat="Server"
                    Text="TabIndex=3" TabIndex="3" OnClick="Button_Click"/>
            </p>
            <p>
                <asp:Button ID="Button3" runat="Server"
                    Text="TabIndex=1" TabIndex="1"  OnClick="Button_Click"/>
            </p>
        </div>
    </form>
</body>
```

此程序中布置了 3 个 Button 控件，并分别将 TabIndex 属性设置为 2、3 及 1，同时设置 OnClick 属性。

后置程序代码中设置了 Button_Click() 以响应用户单击按钮的动作，3 个按钮均共享这个函数，取得按钮表面的文字，显示在 Label 控件。

```
protected void Button_Click(object sender, EventArgs e)
{
    Message.Text=((Button)sender).Text ;
}
```

程序运行结果如图 5-9 所示。

图 5-9　范例 5-9 程序运行结果

逐一按下【Tab】键，可以看到按钮依 TabIndex 顺序取得焦点而边框变粗，在任何时候按下 Enter 按钮，焦点的按钮会被单击，而下方的 Label 控件显示被按下的按钮的标示文字。

10. Width 及 Height 属性

Width 属性用来设置控件的宽度，而 Height 属性则用来设置高度。这两个属性的设置方式与 HTML 控件中的 Table 一样，可以使用绝对表示法或相对表示法来设置，且以 Pixel 为默认单位。

【范例 5-10】使用 Width 及 Height 属性。

SetWH.aspx

```
<body>
    <h2> 使用 Width 及 Height 属性 </h2>
    <form id="form1" runat="server">
        <asp:Button ID="Button1" runat="Server"
            Text="Width=200" Width="200" />
        <asp:Button ID="Button2" runat="Server"
            Text="Height=70" Height="70" />
    </form>
</body>
```

此程序中布置了两个 Button 控件，并分别设置 Width="200" 及 Height="70"。

程序运行结果如图 5-10 所示。

图 5-10　范例 5-10 程序运行结果

完成 Web 控件的基础属性介绍后，以下分成三类介绍一般控件、容器控件和窗体控件。

5.3　一般控件

一般控件所包含的成员有文字（Label）、图片（Image）、超链接（HyperLink）、按钮（Button）等。下面介绍一下这类的控件的使用方式。

1. Label 控件

Label 控件用来显示文字信息，其使用语法如下：

```
<asp:Label
    ID=" 对象名称 "
    Runat="Server"
```

```
        Text=" 显示的文字 "
    />
```

只需在 Text 属性中将要显示的信息设置好即可完成，可以通过程序来改变这个文字信息。

【范例 5-11】使用 Label 控件。

ULabel.aspx

```
<body>
    <h1>Label 控件 </h1>
    <form id="form1" runat="server">
        <asp:Label ID="Label1" runat="Server"
            Text=" 第一个 Label 控件 " />
        <p>
            <asp:Label ID="Label2" runat="Server" />
        </p>
    </form>
</body>
```

其中配置了两个 Label 控件，第一个 Label 控件设置 Text 属性以呈现所要显示的文字信息；第二个 Label 控件的 Text 属性，希望在网页加载 Page_Load 程序中，由程序自动产生。

以下列举后置程序代码中的 Page_Load：

```
protected void Page_Load(object sender, EventArgs e)
{
    Label2.Text=" 由 Page_Load 产生的文字 ";
}
```

当网页加载完成时，第二个 Label 控件的 Text 同时完成设置。

程序运行结果如图 5-11 所示。

图 5-11　范例 5-11 程序运行结果

2．Image 控件

Image 控件用来在网页中显示图片，其使用语法如下：

```
<ASP:Image
    ID=" 对象名称 "
    Runat="Server"
    ImageUrl=" 图片所在位置 "
    AlternateText=" 图片无法显示时的替换文字 "
    ImageAlign=" 图片与旁边文字的对齐方式 "
/>
```

关于 ImageAlign 属性可设置的值如表 5-5 所示。

表 5-5　ImageAlign 属性可设置的值

属　性　值	说　　明	属　性　值	说　　明
Botton	贴齐文字下方	BaseLine	靠文字的基线
Top	贴齐文字上方	Middle	文字置中
Left	图片在左，文字在右	AbsBottom	文字在绝对下方
Right	图片在右，文字在左	AbsMiddle	文字绝对置中
TextTop	图片上方靠文字顶端		

【范例 5-12】使用 Image 控件。

UImage.aspx

```
<body>
    <form id="form1" runat="server">
    <div>
        <ASP:Image Id="Image1" Runat="Server"
            ImageUrl="Image/IM0001.jpg" ImageAlign="Left"/>
        图片名称 IM0001.gif，对齐方式 Left
    </div>
    </form>
</body>
```

针对 Image 控件分别设置 ImageUrl 与 ImageAlign 属性指定图片所在位置，以及控件与文字之间的对齐方式。

程序运行结果如图 5-12 所示。

图 5-12　范例 5-12 程序运行结果

在此范例中，使用 ImageAlign="Left" 的方式来控制图片与文字的对齐方式，这种对齐方式可以达到图旁串字的视觉效果，可自行增加范例中的文字来观看此效果。

3. HyperLink 控件

HgperLink 控件用来建立超链接，其使用语法如下：

```
<ASP:HyperLink
    ID=" 对象名称 "
    Runat="Server"
    Text=" 要显示的超链接文字 "
```

```
        NavigaterUrl=" 要连接的网址 "
        Target=" 超链接内容要显示的目标窗口 "
        ImageUrl=" 图片所在的位置 "
    />
```

其中的 Target 属性有 4 种设置值可使用，如表 5-6 所示。

表 5-6　Target 属性设置值

属 性 值	说　　明
_blank	另外打开新窗口来显示链接内容
_parent	在上一层窗口中显示链接内容
_self	在原本的窗口中显示链接内容
_top	以整个浏览窗口来显示链接内容，并取消框架的限制

若设置了 ImageUrl 属性，则表示以图片来代替文字超链接，此时的 Text 属性将会被当作 AlternateText，下面的范例会进行说明。

【范例 5-13】 使用 HyperLink 控件。

UhyperLink.aspx

```
<body>
    <h2> 使用 HyperLink 控件 </h2>
    <form id="form1" runat="server">
        <asp:HyperLink ID="HyperLink1" runat="Server"
            NavigateUrl="http://www.drmaster.com.tw/index.asp"
            ImageUrl="Image/dr.jpg"
            Text=" 博硕文化股份有限公司 " />
        <p>
            <asp:HyperLink ID="HyperLink2" runat="Server"
                NavigateUrl="http://www.drmaster.com.tw/index.asp"
                Text=" 博硕文化股份有限公司 " />
        </p>
    </form>
</body>
```

配置两个 HyperLink 控件，第一个控件同时设置 ImageUrl 属性。

程序运行结果如图 5-13 所示。

图 5-13　范例 5-13 程序运行结果

从运行结果中可看到使用 ImageUrl 的效果，如果没有设置图片，则直接以下面的文字显示超链接。

4. Button 控件

Button 控件可以用来在网页上建立一个按钮，其使用语法如下：

```
<ASP:Button
    ID=" 对象名称 "
    Runat="Server"
    Text=" 按钮文字 "
    OnClick=" 按下事件的处理程序名称 "
/>
```

单击这个按钮会产生一个 OnClick 事件，并运行该事件所指定的程序。要注意的是，Button 控件必须放置于 <Form> 及 </Form> 标签中，否则该按钮是不会产生作用的。

【范例 5-14】使用 Button 控件。

UButton.aspx

```
<body>
    <h2> 使用 Button 控件 </h2>
    <form id="form1" runat="server">
        <p> 请问：小猫跟小狗谁会最先被老师叫起来背书？</p>
        <p> 提示：与某零食名称有关 </p>
        <p>
            <asp:Label ID="Label1" runat="Server" />
        </p>
        <p>
            <asp:Button ID="Button1" runat="Server"
                Text=" 看答案 " OnClick="Button1_Click" />
        </p>
    </form>
</body>
```

程序首先配置一个 Label 控件用来显示答案，接下来的 Button 控件，其中设置 OnClick 属性，使用户在单击按钮时显示答案。

切换到后置程序代码文件，配置如下内容：

```
protected void Button1_Click(object sender, EventArgs e)
{
    Label1.Text=" 答案：小狗，因为汪汪（旺旺）先背（仙贝）";
}
```

其中通过设置 Label 控件的 Text 属性，将答案显示在网页上。

图 5-14 所示为开始网页加载的内容，图 5-15 所示为单击 "看答案" 按钮后的结果。

图 5-14　网页加载的内容

图 5-15　单击 "看答案" 按钮后的结果

5. LinkButton 控件

LinkButton 控件是一个具有超链接外观的按钮控件，但它是以文字的样式出现在网页上，其使用语法如下：

```
<ASP:LinkButton
    ID=" 对象名称 "
    Runat="Server"
    Text=" 按钮文字 "
    OnClick=" 按下事件的处理程序名称 "
/>
```

由上面的语法可以发现，它与 Button 控件的用法完全相同，差别仅在于外观不一样。

【范例 5-15】使用 LinkBotton 控件。

ULinkBotton.aspx

```
<body>
    <h2> 使用 LinkButton 控件 </h2>
    <form id="form1" runat="server">
        <div>
            <asp:LinkButton ID="Lb1" runat="Server"
                Text=" 想知道今天的日期吗? 按我就对了! "
                OnClick="Lb1_Click" />
            <p>
                <asp:Label ID="Label1" runat="Server" /> </p>
        </div>
    </form>
</body>
```

程序中首先配置了一个 LinkButton 控件，并且设置 OnClick 属性，以及另外一个 Label 控件，用来显示今天的日期。

切换到后置程序代码配置如下程序：

```
protected void Lb1_Click(object sender, EventArgs e)
{
    Label1.Text=" 今天是 "+DateTime.Today.ToShortDateString();
}
```

其中，使用 DateTime.Today.ToShortDateString() 来取得今天的日期，并通过 Label 控件在网页输出最后的结果。

图 5-16 所示为一开始网页加载的内容，图 5-17 所示为单击按钮后的显示结果。

图 5-16　网页加载内容

图 5-17　单击按钮后的显示结果

6. ImageButton 控件

ImageButton 控件可以用图形来代替按钮，其使用语法如下：

```
<ASP:ImageButton
    ID="对象名称"
    Runat="Server"
    ImageUrl="图片所在作置"
    OnClick="按下事件的处理程序名称"
/>
```

这个控件的属性与 Button 也很相似，因此这里不再多加解释。需要注意的是，ImageButton 会将用户单击按钮的位置传给事件处理程序，因此该程序改成如下的声明语法：

```
ImageButton_Click(object sender, ImageClickEventArgs e)
```

通过参数 e，还可以取得用户单击按钮时鼠标所在的坐标。

【范例 5-16】使用 ImageButton 控件。

UIImageButton.aspx

```
<body>
    <h2>使用 ImageButton 控件</h2>
    <form id="form1" runat="server">
        <div>
            <asp:ImageButton ID="Ib1" runat="Server"
                ImageUrl="Image/IM0001.jpg" OnClick="Ib1_Click" />
            <p>
            <asp:Label ID="Label1" runat="Server" />
            </p>
        </div>
    </form>
</body>
```

程序中首先布置一个 ImageButton 控件与一个 Label 控件，ImageButton 控件被单击时，OnClick 属性的 Ib1_Click 于 Label 控件显示坐标。

以下是后置程序代码的内容：

```
protected void Ib1_Click(object sender, ImageClickEventArgs e)
{
    Label1.Text="您在坐标（";
    Label1.Text+=e.X.ToString()+","+e.Y.ToString()+"）处按下按钮";
}
```

当用户按下 ImageButton 时，程序代码运行，分别使用 e.X 及 e.Y 来取得单击按钮时的鼠标坐标。

图 5-18 所示为一开始网页加载的内容，图 5-19 所示为在图片上单击出现的坐标位置信息。

图 5-18　网页加载内容　　　　图 5-19　在图片上单击后的显示结果

5.4　容器控件

在设计网页的过程中，经常需要进一步组织网页中配置的各种控件，Panel 和 PlaceHolder 这两组控件可以协助用户达到这样的目的。

1. Panel 控件

Panel 控件如同是一个容器类型的控件，可将任何控件配置其中，就此达到组合的目的，其使用语法如下：

```
<asp:Panel
    ID=" 对象名称 " Runat="Server"
    BackImageUrl=" 背景图片所在位置 "
    HorizontalAlign=" 水平对齐方式 "
    Warp=" 是否自动换行, True 或 False">
        其他控件 …
</asp:Panel>
```

【范例 5-17】使用 Panel 控件。

UPanel.aspx

```
<body>
    <form id="form1" runat="server">
        <asp:Panel ID="Live" runat="Server">
            <h2>会员注册 - 步骤 1</h2>
            <p>请选择您的居住地区: </p>
            <asp:RadioButtonList ID="Rbl1" runat="Server">
                <asp:ListItem Text=" 中国 " />
                <asp:ListItem Text=" 国外 " />
            </asp:RadioButtonList>
            <asp:Button ID="LiveIn" runat="Server"
                Text=" 下一步 " OnClick="LiveIn_Click" />
        </asp:Panel>
        <asp:Panel ID="ZG" runat="Server" Visible="False">
            <h2>会员注册 - 步骤 2</h2>
            <p>请填写下列数据: </p>
            <p> 账号: <asp:TextBox ID="ZGName" runat="Server" /></p>
            <p> 电子邮件: <asp:TextBox ID="ZGMail" runat="Server" /></p>
            <p> 身份证号: <asp:TextBox ID="ZGID" runat="Server" /></p>
            <p>※ 身份证号即为您的密码, 请正确填写 </p>
            <asp:Button ID="Back1" runat="Server"
                Text=" 上一步 " OnClick="Back_Click" />
            <asp:Button ID="ZGBtn" runat="Server"
                Text=" 下一步 " OnClick="ZGBtn_Click" />
        </asp:Panel>
        <asp:Panel ID="Oversea" runat="Server" Visible="False">
            <h2>会员注册 - 步骤 2</h2>
            <p>请填写下列数据: </p>
            <p> 账号: <asp:TextBox ID="OverseaName" runat="Server" /></p>
            <p> 电子邮件: <asp:TextBox ID="OverseaMail" runat="Server" /></p>
            <p>※ 您的密码将由系统随机数生成 </p>
```

```
            <asp:Button ID="Back2" runat="Server"
                Text=" 上一步 " OnClick="Back_Click" />
            <asp:Button ID="OverseaBtn" runat="Server"
                Text=" 下一步 " OnClick="OverseaBtn_Click" />
        </asp:Panel>
        <asp:Panel ID="Result" runat="Server" Visible="False">
            <h2>感谢您的注册! </h2>
        </asp:Panel>
    </form>
</body>
```

其中，配置第一个 Panel 控件 IDZG 是 Live，用来显示主选单供用户选择居住地区；配置第二个 Panel 控件 ID 是 ZG，用来显示中国用户注册所需填写的字段；第三个 Panel 控件的 ID 设置为 Oversea，用来显示海外地区用户注册所需填写的字段；ID 设置为 Result 的 Panel 控件，用来显示注册成功的信息。

最后当用户单击按钮后，便运行 OnClick 属性指定的 OverseaBtn_Click。

```
namespace CH04
{
    public partial class UPanel:System.Web.UI.Page
    {
        protected void Page_Load(object sender, EventArgs e){ }
        protected void LiveIn_Click(object sender, EventArgs e)
        {
            if (Rbl1.SelectedItem.Text==" 中国 ")
                ZG.Visible=true;
            else
                Oversea.Visible=true ;
            Live.Visible=false;
        }
        protected void ZGBtn_Click(object sender, EventArgs e)
        {
            ZG.Visible=false;
            Result.Visible=true;
        }
        protected void OverseaBtn_Click(object sender, EventArgs e)
        {
            Oversea.Visible=false;
            Result.Visible=true;
        }
        protected void Back_Click(object sender, EventArgs e)
        {
            ZG.Visible=false;
            Oversea.Visible=false;
            Live.Visible=true;
        }
    }
}
```

在这段后置程序代码中，会判断用户选了哪个选项，并通过设置 Visible 属性，将相关的

Panel 控件隐藏或显示，如果用户选择的是中国的 RadioButton，则隐藏 Oversea 这个 Panel，反之隐藏的则是 ZG。

程序运行结果以会员注册过程如图 5-20 ~ 图 5-22 所示。

图 5-20　会员注册界面（一）

图 5-21　会员注册界面（二）

图 5-22　注册完成界面

在这个范例中，由于中国与国外用户所需填写的注册数据并不相同，因此使用 Panel 控件来将这些控件组合，如此便能够轻易地控制何时该显现哪些控制字段。

2. PlaceHolder 控件

PlaceHolder 控件的作用与 Panel 控件十分相似，用户同样能将其他控件加到其中，其使用语法如下：

```
<asp:PalceHolder
    ID=" 对象名称 "
    runat="Server"
/>
```

PlaceHolder 所能收纳的控件必须通过程序动态产生，不像 Panel 控件那样预先在网页中定义好。除此之外，PlaceHolder 在网页中预留一块区域，以供程序将动态产生的控件放于其中。

【范例 5-18】动态产生文字。

UPalceHolder.aspx

```
<body>
    <form id="form1" runat="server">
```

```
            <p>这是一行普通的文字</p>
            <p>
                <asp:Button ID="Button1" runat="Server"
                    Text=" 新增一行文字 " OnClick="Button1_Click" />
                <asp:PlaceHolder ID="Ph1" runat="Server" />
            </p>
            <p>这也是一行普通的文字</p>
        </form>
    </body>
```

网页开始与结束的地方，分别配置两段文字用来作为标示，然后配置一个按钮并设置其 OnClick 属性，另外配置一组 PlaceHolder 设置 ID 为 Ph1，以便程序访问。

以下程序建立一个 Label 控件，并设置所要显示的文字，然后将其加入至 PlaceHolder 控件当中。

```
protected void Button1_Click(object sender, EventArgs e)
{
    Label Label1=new Label();
    Label1.Text = " 这是由 PlaceHolder 所产生的文字 ";
    Ph1.Controls.Add(Label1);
}
```

网页一开始加载显示事先配置的内容，如图 5-23 所示。单击"新增一行文字"按钮，此时动态建立的文字内容，会被加入至预先配置好的 PlaceHolder 控件所在位置，如图 5-24 所示。

图 5-23 网页加载内容

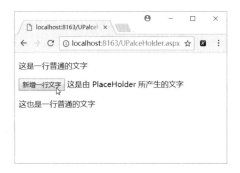

图 5-24 加入动态建立的文字

5.5 窗体控件

窗体控件所包含的成员有 TextBox、RadioButton 及 CheckBox 等，它们可以用来取得用户在网页所输入或选取的数据，本节将针对与窗体有关的控件进行介绍。

1. TextBox 控件

TextBox 控件可以让用户输入数据，其使用语法如下：

```
<ASP:Text
    Id=" 对象名称 "
    Runat="Server"
    TextMode=" 文本框种类 "
```

```
     Text="文本框中所显示的字符串"
     Rows="可显示的最大列数"
     Columns="可显示的最大行数"
     MaxLength="可输入字符串的上限"
     AutoPostBack="自动重载网页"
     OnTextChanged="文字内容改变事件的处理程序"
 />
```

下面列举 TextBox 控件的几个重要属性。

（1）TextMode 属性：可以设置 TextBox 的种类，关于此属性可使用的设置值，如表 5-7 所示。

表 5-7　TextMode 属性值及说明

属 性 值	说　明
Single	单行文本框，此为默认值
Multiline	多行文本框，可用来输入大量的文字
Password	密码字段，所有输入的字符皆会以 "*" 来代替

需要注意的是，当属性值为 Multiline 时，才能使用 Rows 及 Columns 属性来控制文本框的大小。

（2）Warp 属性：设置是否要自动换行，默认值是 True，即会自动换行。此属性只有在 TextMode 为 Multiline 时才会产生作用。

（3）AutoPostBack 与 OnTextChanged 属性：这两个属性是相辅相成的，当 AutoPostBack 属性为 True 时，只要用户改变了文本框的内容，并按下【Enter】或【Tab】键后，会先触发 TextChanged 事件，接着该事件会调用 OnTextChanged 属性中所指定的程序来处理该事件。

【范例 5-19】使用 TextBox 控件。

UTextBox.aspx

```
<body>
    <h2>使用 TextBox 控件</h2>
    <form id="form1" runat="server">
        <p>请输入您的名字并按 Enter 键: </p>
        <asp:TextBox ID="TextBox1" runat="Server"
            AutoPostBack="True" OnTextChanged="TextBox1_TextChanged" />
        <asp:Label ID="Label1" runat="Server" />
    </form>
</body>
```

程序中配置一个 TextBox 控件，并设置了 AutoPostBack 及 OnTextChanged 属性，当用户按下【Enter】或【Tab】键时，就会运行 TextBox1_TextChanged 的程序代码，将用户输入的文字显示出来。

以下程序取得文本框的内容文字，并将其显示在界面的 Label 控件中。

```
protected void TextBox1_TextChanged(object sender, EventArgs e)
{
    Label1.Text="Hi,"+TextBox1.Text+"您好";
}
```

程序运行后，在文本框输入名字，按【Enter】按键，就可以得到响应结果，如图 5-25

所示。

图 5-25　范例 5-19 程序运行结果

2. RadioButton 控件

RadioButton 控件又称单选按钮，它可以让用户在众多选项里选择其中一项，例如，性别的选择就是运用 RadioButton 控件的一个例子，其使用语法如下：

```
<ASP:RadioButton
    Id=" 对象名称 "
    Runat="Server"
    Text=" 选项名称 "
    GroupName=" 组名 "
    Checked="True 表示默认选取 "
/>
```

当单选按钮需要进一步分类时，可以通过设置 GroupName 属性来完成，例如，程序无法得知哪些选项属于性别组合，哪些选项属于居住地区组合，此时只需为同一组合的 RadioButton 控件设置相同的 GroupName 属性即可。

下面介绍如何取得用户所选取的选项，其做法很容易，只要使用 Checked 属性即可。

【范例 5-20】使用 RadioBtuuon 控件。

URadioBtuuon.aspx

```
<body>
    <h2> 使用 RadioButotn 控件 </h2>
    <form id="form1" runat="server">
        <div>
            性别: <asp:RadioButton ID="Rb1" runat="Server"
                Text=" 男 " GroupName="gender"Checked="True" />
                <asp:RadioButton ID="Rb2" runat="Server"
                Text=" 女 " GroupName="gender" />
        </div>
        <div>
            居住地区: <asp:RadioButton ID="Rb3" runat="Server"
                    Text=" 河北 " GroupName="location" />
            <asp:RadioButton ID="Rb4" runat="Server"
                Text=" 河南 " GroupName="location" />
            <asp:RadioButton ID="Rb5" runat="Server"
                Text=" 山西 " GroupName="location" Checked="True" /><br>
            <asp:Button ID="Button1" runat="Server"
                Text=" 选好了 " OnClick="Button1_Click" />
```

```
        </div>
        <asp:Label ID="Label1" runat="Server" />
    </form>
</body>
```

配置两个组合的 RadioButton 控件，第一个组合的 GroupName 设置为 gender 表示性别，第二个组合的 GroupName 设置为 location 表示居住地区。

属于 gender 组合的有两个 RadioButton 控件，而 location 组合则有 3 个 RadioButton 控件。Button 控件设置 OnClick 属性，当用户单击按钮时会运行 Button1_Click。

后置程序代码中的 Button1_Click，根据各 RedioButton 的 Checked 属性值，利用 if 判断函数取得用户选取的性别，并判断居住地区。

```
protected void Button1_Click(object sender, EventArgs e)
{
    string Sex, LiveIn;
    if (Rb1.Checked)
        Sex=Rb1.Text;
    else
        Sex=Rb2.Text;

    if(Rb3.Checked)
        LiveIn=Rb3.Text;
    else if (Rb4.Checked)
        LiveIn=Rb4.Text;
    else
        LiveIn=Rb5.Text;

    Label1.Text=" 您是 "+Sex+" 性，住在 "+LiveIn;
}
```

界面包含两种不同的 RadioButton 组合，性别组合选择男或女，居住地区选择居住的地方，单击"选好了"按钮，就会显示选择的内容，如图 5-26 所示。

图 5-26 范例 5-20 程序运行结果

由此范例可知，要取得用户所选取的选项，只需使用 if 判断函数来判断 Checked 属性是否成立即可。

3. CheckBox 控件

CheckBox 控件的作用与 RadioButton 恰好相反，它可以用来重复选择多个选项，其使用语法如下：

```
<ASP:CheckBox
    Id=" 对象名称 "
    Runat="Server"
    Text=" 要显示的选项文字 "
    Checked="True 表示默认核取 "
    TextAlign=" 文字对齐方式，Right 或是 Left"
    AutoPostBack=" 自动重载网页 "
    OnCheckedChanged=" 选取状态改变事件的处理程序 "
/>
```

它与 RadioButton 控件中的属性意义均相同，判断用户选择的选项方式也相同，这里不再赘述。

【范例 5-21】使用 CheckBox 控件。

UcheckBox.aspx

```
<body>
    <h2> 使用 CheckBox 控件 </h2>
    <form id="form1" runat="server">
        <div>
            请选择您喜欢的歌手（可复选）
        </div>
        <div>
            <asp:CheckBox ID="Cb1" runat="Server"
                Text=" 周杰伦 " />
            <asp:CheckBox ID="Cb2" runat="Server"
                Text=" 蔡依林 " />
            <asp:CheckBox ID="Cb3" runat="Server"
                Text=" 萧亚轩 " />
            <asp:CheckBox ID="Cb4" runat="Server"
                Text="F4" />
        </div>
        <asp:Button ID="Button1" runat="Server"
            Text=" 选好了 " OnClick="Button1_Click" />
        <p>
            <asp:Label ID="Label1" runat="Server" />
        </p>
    </form>
</body>
```

其中配置了 4 个 CheckBox 控件，让用户重复选所喜爱的歌手，下方的 Button 控件则设置 OnClick 属性，当用户单击按钮时，显示所选取的数据。

以下列出后置程序代码中的 Button1_Click 内容，其中判断第一个选项是否被选，然后再判断其他 3 个选项是否被选。

```
protected void Button1_Click(object sender, EventArgs e)
{
    string Singer="";
    if(Cb1.Checked)
        Singer+="、" + Cb1.Text;
    else if(Cb1.Checked)
        Singer=Cb1.Text;
```

```
    if(Singer!=""&&Cb2.Checked)
        Singer+="、"+Cb2.Text;
    else if (Cb2.Checked)
        Singer=Cb2.Text;
    if(Singer!=""&&Cb3.Checked)
        Singer+="、"+Cb3.Text;
    else if(Cb3.Checked)
        Singer=Cb3.Text;
    if(Singer!=""&&Cb4.Checked)
        Singer+="、"+Cb4.Text;
    elseif(Cb4.Checked)
        Singer=Cb4.Text;
    Label1.Text=" 您喜欢的歌手有: "+Singer;
}
```

选择指定的选项，单击"选好了"按钮，界面下方就会出现选取的歌手清单，如图 5-27 所示。

图 5-27　范例 5-21 程序运行结果

4. RadioButtonList 控件

之前介绍了 RadioButton 控件的使用方式，其中判断用户选取的选项方法上，需要程序逐一进行判断才能得出最后的结果，当 RadioButton 的数量较多时，这样的作法显然效率较低，且当选项变多时，程序也相对变得冗长。

RadioButtonList 控件可以简化程序判断的过程，使用上也比 RadioButton 多样化，其使用语法如下：

```
<asp:RadioButtonList
    Id=" 对象名称 "
    runat="Server"
    RepeatColumns=" 字段数量 "
    RepeatDirection=" 设置控件的排列方向 "
    RepeatLayout=" 设置控件的呈现方式 "
    Checked="True 表示默认选取 "
    TextAlign=" 文字对齐方式，Right 或是 Left"
    AutoPostBack=" 自动重载网页 "
    OnSelectedIndexChanged=" 点选状态改变事件的处理程序 ">
</ASP: ListItem
    Text=" 要显示的选项文字 "
```

```
       Value=" 选项相关数据 "
       Selected="True 为默认选取 "/>
   </ASP:RadioButtonList>
```

RadioButtonList 控件需使用 ListItem 来显示选项，下面分别介绍这个控件的相关属性。

（1）RepeatDirection 属性：用来控制选项的排列方向，它有两种属性值可设置，如表 5-8 所示。

表 5-8　RepectDireation 属性值及说明

属　性　值	说　　　明
Vertical	控件内的 ListItem 以垂直方式排列，此为默认值
Horizontal	控件内的 ListItem 以水平方式排列

（2）RepeatLayout 属性：用来设置控件的呈现方式，它同样具有两种属性值，如表 5-9 所示。

表 5-9　RepeatLagout 属性值及说明

属　性　值	说　　　明
Flow	以一般方式呈现 ListItem
Table	以表格方式呈现 ListItem，此为默认值

（3）Value 属性：用来设置选项的相关信息。例如希望用户在选取了性别栏中的男性后，传回来的数据是男时，即可使用此属性来进行设置。要取得用户所选取的选项，只需使用 SelectedItem.Text 或者 SelectedItem.Value，即可取得选项的 Text 或 Value 值。

下面以 RadioButtonList 改写之前的 RadioButton 范例。

【范例 5-22】使用 RadioButtonList 控件。

URadioButtonList.aspx

```
<body>
    <h2>使用 RadioButotnList 控件 </h2>
    <form id="form1" runat="server">
        <div>
            性别：
<asp:RadioButtonList ID="Rbl1" runat="Server"
    RepeatDirection="Horizontal" RepeatLayout="Flow">
    <asp:ListItem Text=" 男 " Value=" 男性 " Selected="True" />
    <asp:ListItem Text=" 女 " Value=" 女性 " />
</asp:RadioButtonList>
        </div>
        <div>
            居住地区：
<asp:RadioButtonList ID="Rbl2" runat="Server"
    RepeatDirection="Horizontal" RepeatLayout="Flow">
    <asp:ListItem Text=" 河北 " />
    <asp:ListItem Text=" 河南 " />
    <asp:ListItem Text=" 山西 " Selected="True" />
```

```
        </asp:RadioButtonList>
            </div>
            <asp:Button ID="Button1" runat="Server"
                Text="选好了" OnClick="Button1_Click" />
            <asp:Label ID="Label1" runat="Server" />
        </form>
    </body>
```

配置两组 RadioButtonList 控件用来显示性别与居住地区选项。

分别设置 RepeatDirection 及 RepeatLayout 的属性，控制选项的排列方向及呈现方式。

按钮控件则设置 OnClick 属性，以支持用户的选取操作。

在后置程序代码中，通过引用 SelectedItem.Value 来取得用户选取的选项信息，后续则是使用 SelectedItem.Text 来取得被选取的选项文字。

```
protected void Button1_Click(object sender, EventArgs e)
{
    String Gender, Location;
    Gender=Rbl1.SelectedItem.Value;
    Location=Rbl2.SelectedItem.Text;
    Label1.Text="您的性别是 "+Gender+"，住在 "+Location;
}
```

运行结果如图 5-28 所示。同前面的 RadioButton 范例类似，不难看出，使用 RadioButtonList 控件确实能够简化程序判断的过程。

图 5-28　范例 5-22 程序运行结果

5. CheckBoxList 控件

CheckBoxList 控件所具有属性与 RadioButtonList 控件完全相同，因此不再对这些属性多做讨论。下面用本章所学的知识来改写先前的 Checkbox 范例。

【范例 5-23】使用 CheckBoxList 控件。

UCheckBoxList.aspx

```
<body>
    <h2>使用 CheckBoxList 控件 </h2>
    <form id="form1" runat="server">
        <p>
            请选择您喜欢的歌手 (可复选)
```

```
        </p>
        <asp:CheckBoxList ID="Cbl1" runat="Server"
            RepeatDirection="Horizontal">
            <asp:ListItem Text=" 周杰伦 " />
            <asp:ListItem Text=" 蔡依林 " />
            <asp:ListItem Text=" 萧亚轩 " Selected="True" />
            <asp:ListItem Text="F4" />
        </asp:CheckBoxList>
        <asp:Button ID="Button1" runat="Server"
            Text=" 选 好 了 " OnClick="Button1_Click" />
        <asp:Label ID="Label1" runat="Server" />
    </form>
</body>
```

其中配置一组 CheckBoxList 控件，并且建立 4 个选项供用户选择，同样的设置 Button 控件的 OnClick 属性以支持选取操作。

其中由循环判断用户选取的选项，并将被选取的选项存到 Singer 变量中。

```
protected void Button1_Click(object sender, EventArgs e)
{
    string Singer="";
    int i;
    for(i=0;i<Cbl1.Items.Count; i++)
    {
        if(Cbl1.Items[i].Selected)
            if(Singer=="")
                Singer=Cbl1.Items[i].Text;
            else
                Singer+=("、"+Cbl1.Items[i].Text);
    }
    Label1.Text=" 您喜欢的歌手有: "+Singer;
}
```

程序运行后，选择选项，单击"选好了"按钮，就会显示选取的项目，如图 5-29 所示。其功能同前面 CheckBox 控件的范例，这一次不需要再进行大量的判断，即可获得选取的内容。

图 5-29 范例 5-23 程序运行结果

6. DropDownList 控件

用户在网页中经常会看到下拉菜单这项功能在 ASP.NET 中是由 DropDownList 控件未完成的，其使用语法如下：

```
<asp:DropDownList Id=" 对象名称 "  Runat="Server" >
    <asp: ListItem
         Text=" 要显示的选项文字 "
         Value=" 选项相关数据 "
         Selected="True 为默认选取 "/>
    <asp: ListItem ... />
    <asp: ListItem ... />
    <asp: ListItem ... />
    ...
    ...
</asp:DropDownList>
```

此控件的用法很容易理解，值得注意的是，这个控件的作用与 RadioButton 一样，只能在众多的选项中选择其中一个。

取得选取项目的方式也容易，只要使用 SelectedItem.Text 或 SelectItem.Value 即可完成。

【范例 5-24】使用 DropDownList 控件。

UdropDownList.aspx

```
<body>
    <h2>使用 DropDownList 控件     </h2>
    <form id="form1" runat="server">
        <p> 请选择您的教育程度: </p>
        <asp:DropDownList ID="Ddl1" Runat="Server">
            <asp:ListItem Text=" 初中 "/>
            <asp:ListItem Text=" 高中 "/>
            <asp:ListItem Text=" 高职 "/>
            <asp:ListItem Text=" 专科 "/>
            <asp:ListItem Text=" 大学 "/>
            <asp:ListItem Text=" 硕士以上 "/>
        </asp:DropDownList>
        <asp:Button ID="Button1" runat="Server"
            Text=" 确定 " OnClick="Button1_Click" />
        <p> <asp:Label ID="Label1" runat="Server" /></p>

    </form>
</body>
```

首先布置一个 DropDownList 控件，接着在设计视图双击"确定"按钮，在后置代码中使用 SelectedItem.Text 来取得被选取的选项。

程序运行后，单击选项右方的下拉按钮，展开列表并且选取项目，单击"确定"按钮即可完成选取，如图 5-30 所示。

图 5-30　范例 5-24 程序运行结果

由此范例可以看出，使用 DropDownList 控件可以简化整个网页版面，也能给人一种清爽的感觉。

7. ListBox 控件

这个控件与 DropDownList 十分相似，但它一次可以显示多个选项，并且还具有重复选择选项的功能，因此可将它看作是另一种类型的 CheckBox，其使用语法如下：

```
<asp:ListBox ID ="对象名称"  Runat="Server"Rows="设置选项的可视数目"
    SelectionMode="设置单选或复选">

    <asp: ListItem Text="要显示的选项文字"
    Value="选项相关数据"Selected="True 为默认选取"/>
    <asp: ListItem … />
    <asp: ListItem … />
    …
    …

</asp:ListBox>
```

其中的 Rows 和 SelectionMode 属性设置，会影响其特性。

（1）Row 属性：ListBox 控件可以同时显示一个以上的选项供用户选择，Rows 是用来控制要显示的选项数量多少的属性。

（2）SelectionMode 属性：用来设置是否能够复选控件内的选项，可使用的属性值如表 5-10 所示。

表 5-10　SelectionMode 属性值和说明

属 性 值	说　　　明
Single	控件内的选项只能接收单选，此为默认值
Multiple	控件内的选项可以复选

判断用户所选取的方法也很容易，只需使用循环并搭配 Items(i).Selected 即可得知哪个选项被选取。接着只需再使用 Items(i).Text 或 Items(i).Value 属性，便可取得被选取的选项名称。

【范例 5-25】使用 ListBox 控件。

UListBox.aspx

```
<body>
    <h2>使用 ListBox 控件 </h2>
    <form ID="form1" runat="server">
        <p>请选择要订阅的电子报: </p>
        <asp:ListBox ID="Lb1" Runat ="Server"
            Rows="5" SelectionMode="Multiple">
            <asp:ListItem Text="资讯新知" />
            <asp:ListItem Text="投资理财" />
            <asp:ListItem Text="社会人文" />
            <asp:ListItem Text="地方风俗" />
            <asp:ListItem Text="时事快递" />
            <asp:ListItem Text="户外旅游" />
            <asp:ListItem Text="美食小吃" />
            <asp:ListItem Text="时尚流行" />
            <asp:ListItem Text="音乐速递" />
            <asp:ListItem Text="艺术文学" />
```

```
        </asp:ListBox>
        <div>
        <asp:Button ID="Button1" runat="Server"
            Text="确定" OnClick="Button1_Click" />
        </div>
        <p>
            <asp:Label ID="Label1" runat="Server" />
        </p>
    </form>
</body>
```

程序首先配置了一个 ListBox 控件，其中设置 Rows="5" 表示该控件一次显示 5 个选项，而 SelectionMode="Multiple" 表示允许用户复选，设置按钮的 OnClick 属性用来编写后置程序代码取得用户选取项目。

后置程序代码中，通过循环来判断用户选取了哪一个选项，并将选取的选项存到 EPaper 变量中。

```
protected void Button1_Click(object sender, EventArgs e)
{
    int i=0;
    string EPaper="";
    for(i=0; i<Lb1.Items.Count;i++)
    {
        if(Lb1.Items[i].Selected)
        {
            if(EPaper=="")
            {
                EPaper=Lb1.Items[i].Text;
            }
            else
            {
                EPaper+=("、"+Lb1.Items[i].Text);
            }
        }
    }
    Label1.Text="感谢您订阅【"+EPaper+"】电子报";
}
```

程序运行后选取所需项目，通过单击"确定"按钮即可显示选取项目的内容，如图 5-31 所示。

图 5-31　范例 5-25 程序运行结果

由以上的几个范例不难发现，所有与窗体有关的控件的使用方式都很相似，只要多加练习，必定能够运用自如。

小　结

本章针对 ASP.NET 提供的基础控件进行了快速讨论，帮助读者提高使用控件的能力，以建立网页的各种内容元素。有了这些基础，下一章将针对更多功能复杂的控件进行示范说明与讨论，读者将能够建构更加复杂的网页界面。

习　题

1. 简述以下几组控件基本属性的意义。

AccessKey　Enabled　Tabindex　Visible

请参考表 5-2。

2. 请说明 AccessKey 属性作用的按键为何？

【Alt】键与此属性指定的值

3. 请说明两种设置颜色值的格式。

（1）直接指定颜色名称。

（2）以 # 开始的十六进制值。

4. 未指定 TabIndex 属性值，请问其默认值是什么？当 TabIndex 属性值均相同时，如何决定其顺序？

（1）默认值为 0。

（2）以控件配置的顺序为依据。

5. 请编写程序代码，将一段消息正文 "Hello Control！" 设置给以下的 Label 控件，令其在界面上输出。

```
<asp:Label ID="MLabel" runat="Server" />
```

MLabel.Text = " Hello Control！";

6. 假设有一张图片文件其 url 为 Image/IM0001.jpg，请说明如何将此图片设置给 Image 控件，输出在界面上。

```
<ASP:Image Id="Img" Runat="Server" ImageUrl="Image/IM0001.jpg"/>
```

7. 考虑以下的标签配置，编写一段程序代码，让用户按下按钮时，可以将一段信息 "Hello

Button" 以 Label 控件显示在界面上。

```
<asp:Label ID="Label1" runat="Server" />
<asp:Button ID="Button1" runat="Server" Text="OK"/>
```

编写 Button1 的 OnClick 事件处理程序：
```
protected void Button1_Click(object sender, EventArgs e)
{
    Label1.Text="Hello Button";
}
```

8. 考虑以下两组配置，请说明其中两组按钮功能的差异。

```
<asp:Button ID="b1" runat="Server"/>
<asp:LinkButton ID="Lb1" runat="Server"/>
<ASP:ImageButton ID="Ib1" runat="Server"/>
```

第一组是典型的按钮，第二组是建立超链接的按钮，第三组以指定的图片作为按钮。

9. 简述 Panel 控件的用途。

请参考 5.4 节的说明。

10. 考虑以下两组配置：

```
<asp:PalceHolder ID="PH1" runat="Server"/>
<asp:Panel ID="P1" runat="Server"
</asp:Panel>
```

请说明这两组控件的差异。

PlaceHolder 的作用与 Panel 控件十分相似，能将其他的控件加到里面。PlaceHolder 所能收纳的控件必须通过程序动态产生，不像 Panel 控件那样预先在网页中定义好。除此之外，PlaceHolder 是在网页中预留一块区域，以供程序将动态产生的控件放在其中。

11. 简述文本框 TextBox 的 AutoPostBack 属性与 OnTextChanged() 方法。

当 AutoPostBack 属性为 True 时，只要用户改变了文字的内容，并按下【Enter】键或【Tab】键后，会先触发 TextChanged 事件，接着该事件会调用 OnTextChanged() 方法中所指定的程序来处理该事件。

12. 建立一个程序，配置一个 TextBox 与一个 Label 控件如下：

```
<asp:TextBox ID="TextBox1" runat="Server" />
<asp:Label ID="Label1" runat="Server" />
```

请编写程序，让用户在文本框输入任意文字时，同步显示在 Label 中。

请参考 5.3 节内容。

13. 考虑以下两组控件标签：

```
<asp:CheckBox ID="Cb1" runat="Server" Text="Java" />
<asp:CheckBox ID="Cb2" runat="Server" Text="C" />
<asp:CheckBox ID="Cb3" runat="Server" Text="C++" />
<asp:CheckBox ID="Cb4" runat="Server" Text="C#" />
<asp:CheckBox ID="Cb4" runat="Server" Text="Python" />
<asp:RadioButton ID="Rb1" runat="Server"
                 Text="男" GroupName="gender"/>
<asp:RadioButton ID="Rb2" runat="Server"
                 Text="女" GroupName="gender"/>
```

请说明 CheckBox 与 RadioButton 两组控件在行为上的差异。

（1）CheckBox 可以让用户进行复选，一次选取多组选项。

（2）RadioButton 一次只能选取一项。

14. 请设计一个下拉式等单，在界面上提供可以展开的列表功能，列表项目是 C#、Java、C、C++ 与 Python。

请参考范例 5-24。

15. 同上题，请以列表框的方式重做一次。

请参考范例 5-25。

第6章
高 级 控 件

6.1 Table 控件大类

本章将持续讨论控件相关议题，延伸至更复杂的控件，首先针对组织数据最常用的 Table 控件进行说明。

1. Table 控件

Table 控件用来建立表格，它可以让数据更容易组织，同时以更整齐美观的格式输出，其使用语法如下：

```
<asp:Table
    ID=" 对象名称 "
    Runat="Server"
    BackImageUrl=" 背景图片所在位置 "
    CellSpacing=" 像素 "
    CellPadding=" 像素 "
    GridLines=" 设置网格线 "
    HorizontalAlign=" 表格水平对齐方式 ">
        <asp:TableRow>
            <asp:TableCell/>
        <asp:TableRow>
</ASP:Table>
```

Table 控件提供了数种不同的属性，下面分别进行说明。

（1）GridLines 属性：可以设置表格的网格线，其属性值及说明如表 6-1 所示。

表 6-1　GridLines 属性值及说明

属 性 值	说　　明	属 性 值	说　　明
Horizontal	水平网格线	None	没有网格线，此为默认值
Vertical	垂直网格线	Both	有水平及垂直网格线

（2）CellSpacing 属性：用来设置单元格与单元格，以及单元格与表格边框之间的距离。

（3）CellPadding：用来设置单元格内的数据与单元格边框之间的距离。

（4）HorizontalAlign 属性：用来设置整份表格的对齐方式，其属性值及说明如表 6-2 所示。

表6-2　HorizontalAlign 属性值及说明

属 性 值	说 明	属 性 值	说 明
Left	水平向左对齐	Center	水平置中对齐
Right	水平向右对齐	NotSet	不对齐，此为默认值

以上是 Table 控件的语法及属性介绍。但是，只有 Table 控件还不足以建构出一份表格，还需要与 TableRow 及 TableCell 控件配合才行。下面就介绍 TableRow 及 TableCell 控件的使用方式。

2．TableRow 控件

TableRow 控件可将表格划分成许多行，图 6-1 所示为将表格划分成了 3 行。

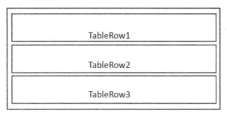

图 6-1　将表格划分为 3 行

TableRow 控件的使用语法如下：

```
<asp:TableRow
    ID=" 对象名称 "
    Runat="Server"
    HorizontalAlign=" 水平对齐方式 "
    VerticalAlign=" 垂直对齐方式 ">
    <asp:TableCell/>
<asp:TableRow>
```

关于此控件的属性，下面逐项进行说明。

（1）HorizontalAlign 属性：用来设置每一行数据的水平对齐方式，其属性值及说明如表 6-3 所示。

表6-3　HorizontalAlign 属性值及说明

属 性 值	说 明	属 性 值	说 明
Left	水平向左对齐	Center	水平置中对齐
Right	水平向右对齐	NotSet	不对齐，此为默认值

（2）VerticalAlign 属性：用来设置数据的垂直对齐方式，其属性值及说明如表 6-4 所示。

表6-4　VerticalAlign 属性值及说明

属 性 值	说 明	属 性 值	说 明
Top	垂直向上对齐	Bottom	垂直向下对齐
Middle	垂直置中对齐	NotSet	不对齐，此为默认值

3．TableCell 控件

TableCell 控件的作用是用来显示数据内容，它有两种使用方式。

方法 1：

```
<asp:TableCell
    ID=" 对象名称 "
    Runat="Server"
    ColumnSpan=" 合并单元格时所占的列数 "
    RowSpan=" 合并单元格时所占的行数 "
    HorizontalAlign=" 水平对齐方式 "
    VerticalAlign=" 垂直对齐方式 "
    Warp=" 是否自动换行, True 或 False"
    Text=" 数据内容 " >
<asp:TableCell />
```

方法 2：

```
<asp:TableCell
    ID=" 对象名称 "
    runat="Server"
    ColumnSpan=" 合并单元格时所占的列数 "
    RowSpan=" 合并单元格时所占的行数 "
    HorizontalAlign=" 水平对齐方式 "
    VerticalAlign=" 垂直对齐方式 "
    Warp=" 是否自动换行, True 或 False">
    数据内容
<asp:TableCell />
```

若打算在 TableCell 中放置诸如 Image 或 Button 之类的控件，需要使用方法 2 的语法。此控件的相关属性说明如下：

（1）ColumnSpan 属性：用来设置合并单元格时，该单元格所要合并的列数。

（2）RowSpan 属性：用来设置合并单元格时，该单元格所要合并的行数。

了解了 Table、TableRow 及 TableCell 控件的使用方式后，看一个使用范例。

【范例 6-1】建立表格。

这个范例建立一个典型的 Table，看一下其中的配置内容。

UTables.aspx

```
<body>
    <form id="form1" runat="server">
        <div>
            <asp:Table ID="Table1" runat="server"
                    GridLines="Both" Width="60%">
                <asp:TableHeaderRow>
                    <asp:TableCell> 编号 </asp:TableCell>
                    <asp:TableCell> 相片 </asp:TableCell>
                    <asp:TableCell> 说明 </asp:TableCell>
                </asp:TableHeaderRow>
                <asp:TableRow>
                    <asp:TableCell>1001</asp:TableCell>
                    <asp:TableCell>
                        <asp:Image ID="Image1" runat="server"
                            ImageUrl="~/Image/dr.jpg"
                            Height="70" BorderColor="blue"
                            BorderWidth="1" />
                    </asp:TableCell>
```

```
                    <asp:TableCell>博硕商标</asp:TableCell>
                </asp:TableRow>
                <asp:TableRow>
                    <asp:TableCell>1002</asp:TableCell>
                    <asp:TableCell>
                        <asp:Image ID="Image2" runat="server"
                            ImageUrl="~/Image/IM0001.jpg"
                            Height="70"  BorderColor="blue"
                            BorderWidth="1" />
                    </asp:TableCell>
                    <asp:TableCell>夏日海边风情</asp:TableCell>
                </asp:TableRow>
                <asp:TableRow >
                    <asp:TableCell>1003</asp:TableCell>
                    <asp:TableCell>
                        <asp:Image ID="Image3" runat="server"
                            ImageUrl="~/Image/pig0.jpg"
                            Height="70"  BorderColor="blue"
                            BorderWidth="1"  />
                    </asp:TableCell>
                    <asp:TableCell>小猪模型公仔</asp:TableCell>
                </asp:TableRow>
            </asp:Table>
        </div>
    </form>
</body>
```

程序中首先配置一个 <asp:Table> 标签建立所要呈现的表格，注意设置 GridLines 属性为 Both，如此才会显示表格的网格线；同时，将其宽度设置为界面的 60%，如此才会呈现画面宽度为 60% 显示表格。

<asp:TableHeaderRow> 定义表格的标题，其中三组 <asp:TableCell> 则是每一个表格字段的标题内容。

标题完成之后，紧接着连续配置三组 <asp:TableRow> 以建立三组表格行，其中每一行配置三组 <asp:TableCell> 以建立所要呈现的内容，除了编号与说明，第二组 <asp:TableCell> 再嵌入 <asp:Image>，设置每组相片的 Height 属性，以统一图片的高度。

程序运行结果如图 6-2 所示。

图 6-2　范例 6-1 程序运行结果

Table 控件表面很复杂，但是只要了解其结构，就能很容易地制作出典型的数据表。这个范例呈现的结果，以重复的表格结构呈现三组相片数据。

除了一般典型的数据表，因为格式需求，也需要合并特定的列或行，制作不规则的表格结构。

【范例 6-2】合并表格。

这个范例通过合并设置，并呈现图片。

UTable.aspx

```
<body>
    <form id="form1" runat="server">
        <asp:Table runat="Server" Border="2"
            HorizontalAlign="Center" Width="60%">
            <asp:TableRow runat="Server">
                <asp:TableCell runat="Server"
                    HorizontalAlign="Center" ColumnSpan="2"
                    BackColor="LightBlue">
                            小瓜呆的自我介绍
                </asp:TableCell>
            </asp:TableRow>
            <asp:TableRow runat="Server">
                <asp:TableCell runat="Server">
                        姓名: 小瓜呆
                </asp:TableCell>
                <asp:TableCell runat="Server" RowSpan="2">
                        <asp:Image Runat="Server"
                            ImageUrl="Image/pig0.jpg"/>
                </asp:TableCell>
            </asp:TableRow>
            <asp:TableRow runat="Server">
                <asp:TableCell runat="Server">
                        兴趣: 打棒球
                </asp:TableCell>
            </asp:TableRow>
            <asp:TableRow runat="Server">
                <asp:TableCell runat="Server" ColumnSpan="2">
                        大家好，我是小瓜呆。<br/>
                        我最喜欢打棒球了。<br/>
                        有空记得来跟我打场棒球呦!
                </asp:TableCell>
            </asp:TableRow>
        </asp:Table>

    </form>
</body>
```

其中通过 RowSpan 合并行，通过 ColumnSpan 合并列，建立非典型的表格内容，其他部分则同上述的一般性表格设计。

程序运行结果如图 6-3 所示。

图 6-3　范例 6-2 程序运行结果

通过合并设置，即可建立不同的典型表格的结构，读者可以根据自己的需求进行设计。

6.2　验证控件

用户一定有过这样的经历，在某些网站进行会员注册或数据输入时，若不小心忘了填写某些字段，便会出现警告信息提醒你少填了哪些资料。以往这些功能需要程序设计师自行编写，不论是在客户端运行的 JavaScript 还是在服务器端的 ASP 程序，要写出这样功能的程序都需要花费很多时间。

在 ASP.NET 中，则将这些工作简化成各种功能不同的验证控件。下面就介绍这些验证控件的使用方式。

1. RequiredFieldValidator 控件

由这个控件的名称可知，它需要用户在某一个字段内填写数据，若没有填写所指定的字段，则会出现警告信息提醒用户注意。其使用语法如下：

```
<asp:requiredfieldvalidator
    ID=" 对象名称 "
    runat="server"
    controltovalidate=" 验证的控件名称 "
    Text=" 未通过验证时要显示的信息 "
    ErrorMessage=" 取得或设置验证失败所要显示的信息 "
    Display=" 错误信息的显示方式 "/>
```

其中 Text 及 ErrorMessage 属性，以及 Display 属性的用途，分别说明如下：

（1）Text 属性：当用户未通过验证时，所要显示的信息。

（2）ErrorMessage 属性：此属性同样也是用来显示错误信息，但它提供给 VaildationSummary 控件进行输出。

（3）Display 属性：用来控制错误信息的显示方式，其属性值及说明如表 6-5 所示。

表 6-5　Display 属性值及说明

属　性　值	说　　明
None	不显示错误信息
Dynamic	以动态方式显示错误信息，即所有的验证控件的错误信息都占用同一个网页位置
Static	以静态的方式显示，每一个验证控件的错误信息都有自己一个网页位置，此为默认值

下面以一个例子来说明 Static 及 Dynamic 属性的差异。

【范例6-3】示范 RequiredFieldValidator 控件。

URequiredFieldValidator.aspx

```
<body>
    <h2> 请填写以下注册资料 </h2>
    <form id="form1" runat="server">
        <p>
            姓名:
            <asp:TextBox ID="MyName" runat="Server"/>
            <asp:RequiredFieldValidator ID="Rfv1" runat="Server"
                ControlToValidate="MyName" Text=" 姓名不可为空 "/>
        </p>
        <p>
            电子邮件:
            <asp:TextBox ID="MyMail" runat="Server" Width="123" />
            <asp:RequiredFieldValidator ID="Rfv2" runat="Server"
                ControlToValidate="MyMail" Text=" 电子邮件不可空白 " />
        </p>
        <p>
            <asp:Button ID="Button1" runat="Server"
                Text=" 确定 " OnClick="Button1_Click" />
        </p>
        <p>
            <asp:Label ID="Label1" runat="Server" ForeColor="Blue" />
        </p>
    </form>
</body>
```

程序中配置了两个文本框，分别设置 ID 为 MyName 与 MyMail 以作为验证测试之用，接下来建立另外两个 RequiredFieldValidator 验证控件，并将 ControlToValidate 属性分别指向 MyName 与 MyMail。

当用户没有输入任何数据而提交时，空文本框字段其对应的验证控件，将会自动显示提示信息。

后置程序代码则在通过验证，提交成功后，显示相关的说明信息。

```
protected void Button1_Click(object sender, EventArgs e)
{
    if (Page.IsValid){
        Label1.Text=" 感谢您的注册 <br/>";
```

```
            Label1.Text+=(" 您的密码将寄到 "+MyMail.Text+" 里 " );
        }
    }
```

其中的 if 判断式中，如果上述的验证控件均没有任何问题，也就是所有的文本框均已输入文字信息，Page.IsValid 将返回 true，就会显示最后结果，否则，出现提示信息。

图 6-4 所示为一开始网页加载的画面，图 6-5 所示为只输入姓名之后，单击"确定"按钮后，出现的错误提示信息，由于电子邮件字段必须输入值，因此无法通过验证。

图 6-4　网页加载界面　　　　　　　　　　　图 6-5　错误提示信息界面

如果完成数据填写，则在界面下方会出现预先指定的说明信息，此时两组文本框均已经输入数据，因此成功通过验证，如图 6-6 所示。

图 6-6　验证成功界面

RequiredFieldValidator 控件有一个 Display 属性，下面看一下这个属性对控件的影响。

【范例 6-4】Display 属性示范。

URequiredFieldValidatorD.aspx.cs

```
<body>
    <form id="form1" runat="server">
        <div>
            栏目一：
        <asp:TextBox ID="myname" runat="server" />
```

```
                    栏目二:
            <asp:TextBox ID="mymail" runat="server" />
            </div>
            <asp:Button ID="button1" runat="server" Text=" 确定 " />
            <div>
                <hr/>
                <p>
                    <asp:RequiredFieldValidator ID="rfv1"
                        runat="server"
                        ControlToValidate="myname" BorderWidth="1"
                        Text=" 第一个验证控件 "
                        Display="Dynamic" />
                </p>
                <hr/>
                <p>
                    <asp:RequiredFieldValidator ID="rfv2"
                        runat="server"
                        ControlToValidate="mymail"
                        Text=" 第二个验证控件 "
                        Display="static" />
                </p>
                <hr/>
            </div>
        </form>
    </body>
```

其中配置了两个文本框,下方则针对这两个文本框配置对应的 RequiredFieldValidator 控件,其中的两组验证控件均以 <hr/> 隔开以辨识配置的位置。

第一组 RequiredFieldValidator 的 Display 属性设置为 Dynamic, 第二组则设置为 static,现在运行网页比较其中的差异。

程序一开始网页的加载界面,如图 6-7 所示。对比上述列举的源码内容,可以看到"确定"按钮下方的分隔线里,并没有预留第一个验证控件的空间,因为这个验证控件设置了 Display="Dynamic",而第二个验证控件则预留了后续呈现需要的空白空间,其属性设置为 Display="static"。

在不输入任何数据的情形下,单击"确定"按钮,两个文本框的控件都无法通过验证,因此均出现警告信息,而第一个验证控件动态出现,并依需求缩放其配置位置的空间,如图 6-8 所示。

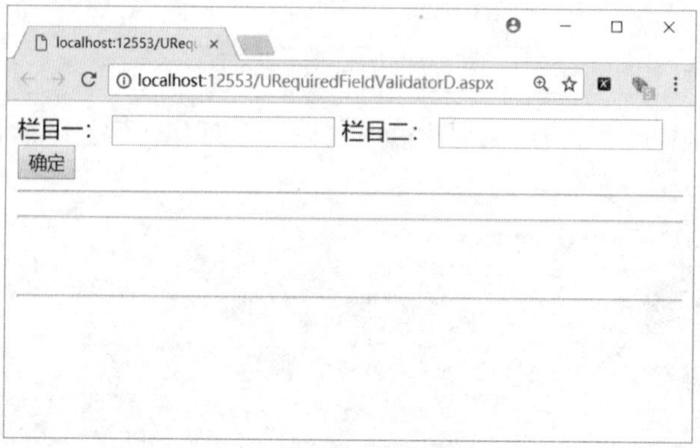

图 6-7　网页加载界面

图 6-8　警告信息界面

由以上范例可以看到，过去需要花费相当多的时间才能编写出来的验证程序，在 ASP. NET 中，只需简单几行设置便能做到相同的效果，但是必须要根据版面设计需求，决定以 dynamic 或者 static 方式呈现验证信息。

2. RangeValidtor 控件

当要限制用户输入某一特定范围内的数据时，可使用此验证控件来完成这项工作，其使用语法如下：

```
<asp:RangeValidator
    Id=" 对象名称 "
    runat="Server"
    ControlToValidate=" 验证的控件名称 "
    MaximumValue=" 验证范围上限 "
    MinimumValue=" 验证范围下限 "
    Type=" 资料类型 "
    Text=" 验证失败所显示的信息 "
    Display=" 错误信息显示方式 "/>
```

不同类型的数据范围格式均不相同，Type 属性值及说明如表 6-6 所示。

表 6-6　Type 属性值及说明

属 性 值	说 明
Integer	整数数值类型
String	字符串类型
Double	双精度数值类型
Date	日期类型
Currency	货币数据类型

需要注意的是，当验证字段内容为空时，程序将会视为通过验证。因此，为避免这种情况发生，建议加上 RequiredFieldValidtaor 控件。

【范例 6-5】使用 RangeValidator 控件。

URangeValidator.aspx

```
<body>
    <p>请输入 1991/01/01—2001/11/01 之间的日期</p>
    <form id="form1" runat="server">
        <asp:TextBox ID="Date1" runat="Server" />
```

```
            <asp:Button ID="Button1" runat="Server"
                Text=" 确定 " OnClick="Button1_Click" />
            <asp:RequiredFieldValidator ID="Rfv1" runat="Server"
                ControlToValidate="Date1"
                Text=" 不可为空 "
                Display="Dynamic" />
            <asp:RangeValidator ID="Rv1" runat="Server"
                ControlToValidate="Date1"
                MaximumValue="2001/11/01"
                MinimumValue="1991/01/01"
                Type="Date"
                Text=" 时间范围不正确 "
                Display="Dynamic" />
            <asp:Label ID="Label1" runat="Server" ForeColor="Blue" />
        </form>
</body>
```

其中配置了一个 TextBox 控件，提供用户输入日期数据。

另外，还配置了 RequiredFieldValidtaor 控件，强迫用户必须输入数据，并且将 Display 属性设置为 Dynamic。

接下来是此例的重点——RangeValidator 控件，其中的 MaximumValue 与 MinimumValue 属性，分别设置了输入范围的上下限，以及要验证的数据类型，同样将 Display 属性设置为 Dynamic。

以下配置后置程序代码，以输出验证结果。

```
protected void Button1_Click(object sender, EventArgs e)
{
    if(Page.IsValid)
        Label1.Text=" 恭喜您通过验证！";
}
```

运行程序后，输入不符合日期范围的日期数据，单击"确定"按钮会导致验证失败，并输出验证信息，如图 6-9 所示。

图 6-9　输出验证信息

3. CompareValidator 控件

CompareValidator 控件可同时对两个控件进行验证，例如在注册用户密码时，除了要求用户输入密码之外，通常还会要求用户再输入一次，以确定用户真正牢记了密码。其使用语法如下：

```
<asp:CompareValidator
    Id=" 对象名称 "
    Runat="Server"
```

```
ControlToCompare=" 比较的控件名称 "
ControlToValidate=" 验证的控件名称 "
ValueToCompare=" 比较的数据 "
Type=" 数据类型 "
Operator=" 比较运算符 "
Text=" 验证失败的显示信息 "
Display=" 错误信息的显示方式 "/>
```

其中的 Type 属性的使用方式在之前已介绍过，接下来针对 Operator 属性进行做说明。
Operator 属性决定两个控件之间的比较关系，其属性值及说明如表 6-7 所示。

表 6-7 Operator 属性值及说明

属 性 值	说 明	属 性 值	说 明
Equal	等于	GreatThanEqual	大于等于
GreatThan	大于	LessThanEqual	小于等于
LessThan	小于	DataTypeCheck	只比较数据类型
NotEqual	不等于		

ControlToCompare 属性用于控件之间的比较，而 ValueToCompare 属性则用户控件与数据之间的比较，但是不能同时设置这两个属性，否则程序会出现错误。

了解了这个控件的使用方式后，看一个仿真用户注册过程的范例，它会要求用户输入两次密码，以确定并未因手误输入错误密码。

【范例 6-6】使用 CompareValidator 控件。

UCompareValidator.aspx

```
<body>
    <h2> 请输入下列注册资料 </h2>
    <form id="form1" runat="server">
        <div>
            账号: <asp:TextBox ID="MyID" runat="Server" />
        </div>
        <div>
            密码: <asp:TextBox ID="Pwd" runat="Server" />
        </div>
        <div>
            确认密码: <asp:TextBox ID="CheckPwd" runat="Server" />
        </div>
        <asp:Button ID="Button1" runat="Server"
            Text=" 确定 " OnClick="Button1_Click" />
        <asp:CompareValidator ID="Cv1" runat="Server"
            ControlToCompare="CheckPwd"
            ControlToValidate="Pwd"
            Type="String"
            Operator="Equal"
            Text=" 密码不正确！！ "
            Display="Dynamic" />
        <p>
        <asp:Label ID="Label1" runat="Server"
            ForeColor="Blue" />
        </p>
    </form>
</body>
```

其中，配置了用来测试的文本框，让用户可以输入密码的 Pwd 与确认密码的 CheckPwd，而当用户输入数据时，这两者必须完全相同。

为了实现这个验证逻辑，在接下来配置的 CompareValidator 控件中，指定 ControlT oCompare 为 CheckPwd，而 ControlToValidate 则为 Pwd，此后，在网页数据送出去之前会针对两者进行 Operator 属性指定的 Equal 比较，当这两个值不相同时，就会出现验证失败。

以下列举单击按钮时运行的后置程序代码：

```
protected void Button1_Click(object sender, EventArgs e)
{
    if (Page.IsValid)
        Label1.Text="感谢您的注册！";
}
```

只有当通过验证时才会出现感谢信息。

程序运行后，尝试在"密码"与"确认密码"文本框输入不一样的值，单击"确定"按钮之后，会出现密码不正确的验证信息，如图 6-10 所示。

图 6-10   验证注册信息

4. RegularExpressionValidator 控件

先前所介绍的控件无法做到较为复杂的验证，像是限制最少要输入几个字符，或是只接受特定几个字母之类的限制。

这些看似复杂的验证工作，都可以交由 RegularExpressionValidator 控件来完成，其使用语法如下：

```
<asp:RegularExpressionValidator
    Id="对象名称"
    Runat="Server"
    ControlToValidate="验证的控件名称"
    ValidationExpression="验证规则"
    Display="错误信息的显示方式"
    Text="验证失败显示的信息"/>
```

其中，ValidationExpression 属性是这个控件最为重要的一个属性，它可以说是此控件的灵魂所在。它由许多不同的运算符号所构成，下面介绍常用的几个运算符号：

（1）[ ] 符号：这个符号所代表的意义为，只能输入此符号内所指定的一个字符。例如：

```
[ABC]
```

以此例来说，只能输入 A、B 及 C 这 3 个字符的其中一个，且只能是大写字母。

另外，若想限制用户输入小写的 a ～ e 其中一个字符，可将其写成如下的格式：

```
[a-e]
```

同理，若要限制只能输入小写的 a ～ e，以及数字的 4 ～ 9，可将其写成如下的格式：

```
[a-e4-9]
```

下面以一个简单的范例进行说明。

【范例6-7】使用 [] 符号。

UregularExpressionValidator.aspx

```
<body>
    <h2> 使用 [] 符号 </h2>
    <form id="form1" runat="server">
        <p> 验证规则：[0-9]，请输入：</p>
        <div>
        <asp:TextBox ID="TextBox1" runat="Server" />
        <asp:Button ID="Button1" runat="Server"
            Text=" 确定 " OnClick="Button1_Click" />
            </div>
        <asp:Label ID="Label1" runat="Server" />
        <asp:RegularExpressionValidator ID="Rev1"
            runat="Server"
            ControlToValidate="TextBox1"
            ValidationExpression="[0-9]"
            Display="Dynamic"
            Text=" 错误 " />
    </form>
</body>
```

这个程序的重点在于验证规则，此处设置为 0~9，因此只能输入 0~9 中的一个数字。以下为后置程序代码：

```
protected void Button1_Click(object sender, EventArgs e)
{
    if(Page.IsValid)
        Label1.Text=" 通过验证 ";
    else
        Label1.Text="";
}
```

程序运行后输入正确数据后得到的结果如图 6-11 所示；输入非 0~9 的数据后，验证失败，出现错误信息，如图 6-12 所示。

图 6-11　通过验证

图 6-12　未通过验证

（2）^ 符号：此符号的作用与 [] 相反，它不接受 [] 内所定义的字符，若将上例的 ValidationExpression 属性改成如下的语句：

```
ValidationExpression="[^0-9]"
```

重新运行程序会得到如图 6-13 所示的结果。

图 6-13　通过验证

由此不难看出，这个符号与 [] 符号的不同。

（3）\w 符号：这个符号的作用等于 a-zA-Z_0-9。

（4）\W 符号：这个符号的作用等于 ^a-zA-Z_0-9。

（5）\d 符号：只能输入数字，作用等于 0-9。

（6）\D 符号：不能输入数字，作用等于 ^0-9。

（7）{n} 符号：用来限制输入的字符数用途，输入的字符数须与 n 值相同，过多或不足都无法通过验证。

但是，该控件无法单独使用，它需要与其他的符号搭配使用，重新调整上述的范例，示范 {n} 符号的用法如下：

```
<asp:RegularExpressionValidator ID="Rev1"
     runat="Server"
     ControlToValidate="TextBox1"
     ValidationExpression="[0-9]{6}"
     Display="Dynamic"
     Text=" 错误 " />
```

其中，重设 ValidationExpression="[0-9]{6}"，运行结果如图 6-14 所示。

图 6-14　通过验证

（8）{n,} 符号：这个符号所代表的意义为，至少需输入 n 个字符，且无最大个数的限制，例如，下面的语法表示至少要输入 5 个数字：

```
[0-9]{5,}
```

（9）{n,m} 符号：只能输入 n 到 m 个字符，下例即表示只能输入 2 ～ 5 个数字。

```
[0-9]{2,5}
```

（10）* 符号：这个符号所代表的意义相当于 {0,}。

（11）+ 符号：此符号所表示的意义相当于 {1,}。

（12）. 符号：此符号表示接受任何字符，包括空格符在内。如果 TextBox 控件的 TextMode 属性为 Multiline，则不接受换行字符

（13）| 符号：可将此符号看成"或"，即表示只能输入 Yes 或 No 这两字其中一个。

```
Yes|No
```

（14）\ 符号：由于（）、[] 及 {} 符号在验证规则中皆具有特殊意义，因此当输入的字符包含有上述几个特殊符号时，都无法通过验证，而"\"符号则用来输出这些具有特殊意义的符号，例如，以下的表达式即可输出 {} 这个特殊符号。

```
\{\}
```

需要注意的是，当控件的内容为空字符串时，验证将会成立。因此，若必须填入数据的控件存在时，建议再为它多加一个 RequriedFieldValidator 控件来确保数据的正确性。

【范例 6-8】使用 RegularExpresstionValidator 控件。

UREValidator.aspx

```
<body>
    <h2>网络包厢订位</h2>
    <form id="form1" runat="server">
        <div>
        身份证号: <asp:TextBox ID="TextBox1" runat="Server"/>
        <asp:RegularExpressionValidator ID="Rev1" runat="Server"
            ControlToValidate="TextBox1"
            ValidationExpression="[a-zA-Z](1|2)\d{8}"
            Display="Dynamic"
            Text="格式错误" /></div>
         <div>进场时间: <asp:TextBox ID="TextBox2" runat="Server"/>
        <asp:RegularExpressionValidator ID="Rev2" runat="Server"
            ControlToValidate="TextBox2"
            ValidationExpression="([0-1]\d|2[0-3]):[0-5]\d"
            Display="Dynamic"
            Text="格式错误" /></div>
        <div>联络电话: <asp:TextBox ID="TextBox3" runat="Server"/>
        <asp:RegularExpressionValidator ID="Rev3" runat="Server"
            ControlToValidate="TextBox3"
            ValidationExpression="\d{2,4}-\d{6,8}"
            Display="Dynamic"
            Text="格式错误" /></div>
        <asp:Button ID="Button1" runat="Server"
            Text="确认订位" OnClick="Button1_Click" />
        <asp:Label ID="Label1" runat="Server" />
    </form>
</body>
```

这个范例程序示范了 3 种不同的格式验证，分别是身份证号、进场时间以及联络电话，其中配置的 3 个 RegularExpressionValidator 控件，验证规则 ValidationExpression 属性值分别列举如下：

- 身份证号：[a-zA-Z](1|2)\d{8}。
- 时间：([0-1]\d|2[0-3]) :[0-5]\d。
- 电话：\d{2,4}-\d{6,8}。

读者请自行对比上述的说明。

在这个测试网页中，必须输入正确格式的数据，否则会出现错误信息，如图 6-15 所示。

图 6-15　未通过验证

以上为 RegularExpressionValidator 控件的使用方式，但并不表示可将其他控件全部舍弃，它们都有各自擅长的验证领域，要合理运用。

5．ValidationSummary 控件

ValidationSummary 控件并不是用来验证资料用的，它用来显示所有未通过验证的错误信息，其使用语法如下：

```
<asp:ValidationSummary
    ID=" 对象名称 "
    runat="Server"
    HeaderText=" 标题文字 "
    ShowMessageBox="True 或是 False"
    ShowSummary="True 或是 False"
    DisplayMode = " 错误信息的排列方式 "/>
```

在此语法中并未看到与显示错误信息有关的设置，这是因为它所要显示的信息全来自于其他验证控件中的 ErrorMessaage 属性。下面说明一下这个控件的属性：

（1）ShowSummary 属性：用来取得或设置是否要显示该控件，默认值为 True。

（2）ShowMessageBox 属性：用来取得或设置是否要以警告窗口来显示错误信息，默认值为 False。

（3）DisplayMode 属性：用来取得或设置错误信息的显示格式，它有 3 种属性值可设置，如表 6-8 所示。

表 6-8 DisplayMode 属性及说明

属 性 值	说 明
List	以分行的方式来显示每一个错误信息，但不在每个错误信息之前加 "." 符号
BulletList	以分行的方式来显示每一个错误信息，且在每一个错误信息之前加 "." 符号，此为默认值
SingleParagraph	将所有的错误信息显示在同一行，且以空格符来区隔每一个错误信息

【范例 6-9】ValidationSummary 控件。

UValidationSummary.aspx

```
<body>
    <h2> 使用 ValidatorSummary 控件 </h2>
    <form id="form1" runat="server">
        <p> 请填写下列的字段 </p>
        <div> 账号:
        <asp:TextBox ID="TextBox1" runat="Server" />
        <asp:RequiredFieldValidator ID="Rfv1"
            runat="Server"
            ControlToValidate="TextBox1"
            Text="*"
            ErrorMessage=" 账号空白 "
            Display="Dynamic" />
        </div>
        <div> 信箱:
        <asp:TextBox ID="TextBox2" runat="Server" />
        <asp:RequiredFieldValidator ID="Rfv2"
            runat="Server"
            ControlToValidate="TextBox2"
            Text="*"
            ErrorMessage=" 密码空白 "
            Display="Dynamic" />
        <asp:RegularExpressionValidator ID="Rev1"
            runat="Server"
            ControlToValidate="TextBox2"
            ValidationExpression=".+@.+\."
            Text="*"
            ErrorMessage=" 信箱格式不正确 "
            Display="Dynamic" />
        </div>
        <asp:Button ID="Button1" runat="Server"
            Text=" 确定 " OnClick="Button1_Click" />
        <div>
            <asp:Label ID="Label1" runat="Server" />
            <asp:ValidationSummary ID="Vs1" runat="Server"
                HeaderText="* 字段发生以下的错误 "
                ShowMessageBox="False"
                ShowSummary="True" />
        </div>
    </form>
</body>
```

程序中首先设置一个用来检验用户是否有输入数据的 RequiredFieldValidator 控件，并在其中设置相关的 Text 及 ErrorMessage 属性。

RegularExpressionValidator 则用来检验用户是否有输入电子邮件字段，并且验证其格式。

最后的 ValidationSummary 控件，分别将 ShowMessageBox 及 ShowSummary 属性设为 False 与 True，用来集中显示验证信息。

其中出现的任何验证信息，现在都集中显示在界面的下方，如图 6-16 所示。

图 6-16　显示验证信息

在这个范例中，使用 ShowSummary 及 ShowMessageBox 属性的默认值来显示错误信息，现在将其修改下：

```
ShowMessageBox="True"
ShowSummary="False"
```

运行时将会得到如图 6-17 所示的结果。

图 6-17　修改属性后的运算结果

这一次不会显示消息正文，而是呈现"*"号。

6.3　Calendar 控件

如果开发的网页需要提供日历功能，除了选择自己编写程序之外，利用 Calendar 控件是比较容易的选择。经过属性的设置即可快速在网页上配置一个日历控件，除此之外，还可以进一步设置额外的功能。

1. 使用 Calendar 控件

以往要在网页中建立一个日历是件相当花费时间的事情，但是在 ASP.NET 中却非常容易，只需要使用 Calendar 控件即可制作出一个日历，其使用语法如下：

```
<asp:Calendar
```

```
ID="Calendar1"
runat="Server"
DayNameFormat=" 设置星期几的显示格式 "
FirstDayOfWeek=" 设置一周开始的第一天为星期几 "
NextMonthText=" 设置下一个月的链接文字 "
NextPrevFormat=" 上下月的链接样式 "
PrevMonthText=" 设置上一个月的链接文字 "
ShowDayHeader=" 是否要显示星期几的名称 "
ShowGridLines=" 是否显示网格线 "
ShowNextPrevMonth=" 是否显示上下月的链接文字 "
ShowTitle=" 是否显示控件的标题栏 "
TitleFormat=" 标题栏中的日期格式 "
/>
```

下面介绍一下这个控件的属性：

（1）PrevMonthText 与 NextMonthText 属性：这两个属性用来设置上、下月链接的文字，默认值分别是符号"<"和符号">"。若没有设置此两个属性，则 NextPrevFormat 属性必须设置为 CustomText 才能显示出自定义的文字。

（2）DayNameFormat 属性：用来设置星期几的显示格式，共有 4 种属性值可以设置，如表 6-9 所示。

表 6-9　DayNameFormat 属性值及说明

属 性 值	说　　明
Full	显示星期的完整名称，例如 Tuesday
Short	显示星期的简称，例如 Tuesday 只显示 Tues，此为默认值
FirstLetter	显示星期的第一个字，例如 Tuesday 只显示 T
FirstTwoLetters	显示星期的前两个字，例如 Tuesday 只显示 Tu

（3）TitleFormat 属性：用来设置标题栏中的日期显示格式，其属性值及说明如表 6-10 所示。

表 6-10　TitleFormat 属性值及说明

设 定 值	说　　明
MonthYear	显示月份及年份，此为默认值
Month	只显示月份

（4）NextPrevFormat 属性：用来设置上、下一个月的链接样式，其属性值及说明如表 6-11 所示。

表 6-11　NertPrevFormat 属性值及说明

设 定 值	说　　明
FullMonth	以完整的月份名称来显示链接，例如 January
ShortMonth	以简短的月份名称来显示链接，例如 Jan
CustomText	以用户自定义的文字来显示链接，此为默认值

（5）FirstDayOfWeek 属性：可以设置一周开始的第一天为星期几，其属性值及说明如表 6-12 所示。

表 6-12　First Day OfWeek 属性值及说明

属 性 值	说　　明
Monday	一周开始的第一天为星期一
Tuesday	一周开始的第一天为星期二
Wednesday	一周开始的第一天为星期三
Thursday	一周开始的第一天为星期四
Friday	一周开始的第一天为星期五
Saturday	一周开始的第一天为星期六
Sunday	一周开始的第一天为星期日
Default	一周开始的第一天取决于系统设置值，此为默认值

【范例 6-10】使用 Calendar 控件。

UCalendar.aspx

```
<body>
    <form id="form1" runat="server">
        <div>
            <asp:Calendar ID="Calendar1" runat="Server"
                Width="420px"
                NextMonthText=" 下个月 "
                PrevMonthText=" 上个月 "
                ShowGridLines="True"
                FirstDayOfWeek="Monday" />
        </div>
    </form>
</body>
```

这个程序相当简单，只要在其中设置必要的属性，即可快速在网页上产生一个日历控件。程序运行结果如图 6-18 所示。

图 6-18　范例 6-10 程序运行结果

2. Calendar 的选取功能及事件

虽然前面已成功地应用了一个 Calendar 控件，但是还必须对此控件做一些设置，才能针对各个星期或者整个月份进行选取的动作。其设置语法如下：

```
<asp:Calendar
    ID=" 对象名称 "
```

```
runat="Server"
SelectionMode=" 设置日期选取模式 "
SelectMonthText=" 设置选取整个星期的文字 "
SelectWeekText=" 设置选取整个月份的文字 "
VisibleDate=" 设置要显示的月份 "
TodaySdate=" 设置今天的日期 "
OnSelectionChanged=" 事件处理程序名称 "/>
```

其中几个属性与事件的说明如下：

（1）SelectionMode 属性：用来设置日期的选取模式，其属性值及说法如表 6-13 所示。

表 6-13　SelectionMode 属性值及说明

属 性 值	说 明
None	只显示日期而不进行选取
DayWeekMonth	可选取 Calendar 控件中的整个月份、星期或是单一日期
DayWeek	可选取 Calendar 控件中的整个星期或是单一日期
Day	可选取 Calendar 控件中的单一日期，此为默认值

现在将上述范例设置的 Calendar 控件的 SelectionMode 属性设置为 DayWeekMonth，相关代码如下：

```
<asp:Calendar ID="Calendar1" runat="Server" Width="420px"
    SelectionMode="DayWeekMonth"
    NextMonthText=" 下个月 "
    PrevMonthText=" 上个月 "
    ShowGridLines="True"
    FirstDayOfWeek="Monday" />
```

显示的外观如图 6-19 所示。

图 6-19　设置 SelectionMode 属性的外观

Calendar 最左边出现选取符号，单击可以选取整个星期的内容。

（2）SelectedDate 属性：用来获得或设置被选取的日期。

（3）SelectedDates 属性：其作用与 SelectionDate 相似，但此属性为只读属性，且使用数组的方式来存储多个被选取的连续日期（例如整个星期）。

通过 SelectionDAtes.Count 可取得该数组的个数，若要将数组中的某一项内容取出，只需要使用 SelectedDates(i) 的方式即可。

（4）TodaysDate 属性：用来获得或设置今天的日期，通常会通过 Page_Load 程序来指定今天的日期，但它还需要与 TodayDayStyle 属性配合，才能将今天的日期突显出来。

（5）OnSelectionChanged 事件

当用户选取了 Calendar 控件上的日期、星期与月份时，便会触发此事件。通过此事件，可获取用户所点选的日期。

【范例 6-11】使用 Calendar 控件的选取功能。

CalendarF.aspx

```
<body>
    <h2>Calendar 的选取功能与事件运用 </h2>
    <form id="form1" runat="server">
        <div>
            <asp:Calendar ID="Calendar1" runat="Server"
                SelectionMode="DayWeekMonth"
                SelectMonthText=" 整个月 "
                SelectWeekText=" 整星期 "
                PrevMonthText=" 上个月 "
                NextMonthText=" 下个月 "
                ShowGridLines="True"
                OnSelectionChanged="Calendar1_SelectionChanged" />
            <asp:Label ID="Label1" runat="Server" />
        </div>
    </form>
</body>
```

在这个 Calendar 控件中，分别设置选取模式指定为 SelectionMode="DayWeekMonth"，一次可以选取一整个星期，而 SelectMonthText=" 整个月 " 会以 " 整个月 " 标示完整一个月的选取功能，而 SelectWeekText=" 整星期 " 则会以"整星期"标示一整个星期的选取功能。

OnSelectionChanged 设置了响应函数 Calendar1_SelectionChanged()，当用户选取的日期内容改变时，会运行此后置程序代码。

```
public partial class CalendarF:System.Web.UI.Page
{
    protected void Page_Load(object sender, EventArgs e)
    {
        Calendar1.SelectedDate=DateTime.Today;
    }
    protected void Calendar1_SelectionChanged(
      object sender, EventArgs e)
    {
        int Count=0;
        Count=Calendar1.SelectedDates.Count;
        Label1.Text=" 您选取的日期是 "+Calendar1.SelectedDate;
        if (Count>1)
        {
            Label1.Text+=" ~ "+Calendar1.SelectedDates[Count - 1];
        }
    }
}
```

网页一开始加载，设置 SelectedDate 为今天日期。而 Calendar1_SelectionChanged 中，将被选取的日期个数存入到 Count 变量中，接着再将选取的第一个日期指定给 Label 控件显示出来。

if 判断式则查看 Count 值是否大于 1，若成立即表示所选取的是某个日期范围，并将被选取的最后一个日期显示出来。

运行程序后，一开始网页加载的界面如图 6-20 所示，其中标示了目前的计算机日期，读者可以自行操作，单击左边的"整星期"，整个星期会被选取。

图 6-20　范例 6-11 程序运行结果

在这个范例中使用了 OnSelectionChanged 事件来获取用户所选取的日期范围，同时也使用了 SelectedDate 来设置今天的日期。此外，也可以使用 TodaysDate 属性配合样式对象，下面将介绍对象（Style Object）的用法。

3. 用 Style Object 设置 Calendar 控件样式

Style Object 就如同 ForeColor、BackColor 或者 Font-Name 之类的属性，此控件可用的样式对象如表 6-14 所示。

表 6-14　Style Object 控件的样式对象及说明

样 式 对 象	说　　　明
TitleStyle	设置标题的样式
DayDeaderStyle	设置星期几的样式
SelectorStyle	设置选取星期或者月份的文字样式
TodayDayStyle	设置今天日期的样式
WeekendDayStyle	设置周末样式
SelectedDayStyle	设置选取日期、星期或是月份时的样式
DayStyle	设置所有日期的样式
NextPrevStyle	设置上一个月及下一个月的样式
OtherMonthDayStyle	设置其他月份的样式

【范例 6-12】使用 Style Object。

UStyleObject.aspx

```
<body>
    <h2>使用 Style Object</h2>
    <form runat="Server">
        <asp:Calendar ID="Calendar1" runat="Server"
```

```
            FirstDayOfWeek="Monday"
            SelectionMode="DayWeekMonth"
            SelectMonthText="整个月"
            SelectWeekText="整星期"
            PrevMonthText="上个月"
            NextMonthText="下个月"
            ShowGridLines="True"
            TodayDayStyle-BackColor="Black"
            TodayDayStyle-ForeColor="White"
            DayHeaderStyle-BackColor="LightBlue"
            SelectorStyle-BackColor="Yellow"
            SelectedDayStyle-BackColor="Red" />
      </form>
   </body>
```

在 Canlendar 控件中，分别设置了 TodayDayStyle 的 BackColor 及 ForeColor 属性为黑色与白色，然后设置 DayHeaderStyle、SelectorStyle 及 SelectedDayStyle 的背景色属性。

以上简单示范了几项 Style Object 的使用方式，用户可根据喜好自行尝试各个 Style Object 设置不同的属性值，让这个控件看起来更加美观。

4. Calendar 控件的 OnDayRender 事件

OnDayRender 事件被触发的时机是在控件产生每一天的表格时，其使用语法如下：

```
ASP:Calendar
   ID="对象名称"
Runat="Server"
OnDayRender="事件处理程序"
```

处理此事件的程序需要依照下列格式来声明：

```
Sub 程序名称(Sender As Object , e As DayRenderEventArgs)
    …
End Sub
```

通过参数 e，可以对表格的内容或外观进行个别设置，OnDayRender 的常用属性及说明如表 6-15 所示。

表 6-15　OnDayRender 控件的属性及说明

属　　性	说　　明
e.Cell.BackColor	传回或设置单元格的背景色
e.Cell.ForeColor	传回或设置单元格内文字的前景色
e.Cell.Font	传回或设置单元格内文字的字体
e.Cell.VerticalAlign	传回或设置单元格的垂直对齐方式
e.Cell.HorizontalAlign	传回或设置单元格的水平对齐方式
e.Cell.RowSpan	传回或设置单元格要垂直跨越的列数
e.Cell.ColumnSpan	传回或设置单元格要横向跨越的格数
e.Cell.Text	传回或设置单元格内的文字内容
e.Day.IsToday	判断该日期是否为今天
e.Day.IsWeekend	判断该日期是否为周末
e.Day.IsSelected	传回或设置该日期是否被选取

续表

属　性	说　明
e.Day.DayNumberText	将日期以数值字符串的格式传回或设置内容
e.Day.Date	传回或设置要产生的日期，此传回值为 Date 的数据类型
e.Day.Date.Month	取得月份
e.Day.Date.Day	取得日期

下面用上述的事件及其属性来做一个范例，这个范例会在 Calendar 控件中将国家法定假日以红色标示起来，并在点选该假日后显示此假日的名称。

【范例 6-13】使用 OnDayRender 事件。

OnDayRender.aspx

```
<body>
    <h2> 使用 OnDayRender 事件 </h2>
    <form runat="Server" >
        <asp:Calendar ID="Calendar1" runat="Server" Width="420px"
            PrevMonthText=" 上个月 "
            NextMonthText=" 下个月 "
            FirstDayOfWeek="Monday"
            ShowGridLines="True"
            TodayDayStyle-BackColor="LightBlue"
            OnDayRender="Calendar1_DayRender"     />
    </form>
</body>
```

其中的 Calendar 控件设置 OnDayRender 事件处理程序 Calendar1_DayRender，切换后置程序代码，内容设置如下：

```
protected void Calendar1_DayRender(object sender,
    DayRenderEventArgs e)
{
    string[,] AllHoliday=new string[13, 32];
    string Commemoration=null;
    string[,] Holiday=new string[13, 32];
    Holiday[1, 1]=" 元旦 ";
    Holiday[3, 8]=" 妇女节 ";
    Holiday[5, 1]=" 劳动节 ";
    Holiday[6, 1]=" 儿童节 ";
    Holiday[9, 10]=" 教师节 ";
    Holiday[10, 1]=" 国庆节 ";
    AllHoliday=Holiday;
    Commemoration=Holiday[e.Day.Date.Month, e.Day.Date.Day];
    if (e.Day.IsToday)
    {
        Label TodayString=new Label();
        TodayString.Text="<Br> 今天 ";
        e.Cell.Controls.Add(TodayString);
```

```
    }
    if (!string.IsNullOrEmpty(Commemoration))
    {
        e.Cell.BackColor=System.Drawing.Color.Red;
    }
}
```

首先声明字符串数组 AllHoliday 作为存放假日信息的变量。

接下来设置各种要在日历控件上标示的假日信息，然后将此数组内容另存到 AllHoliday 字符串数组中。

通过参数 e 来取得该日的假日信息内容，判断该日是否等于今天，若成立则在该单元格中输出"今天"两字。

判断 Commemoration 变量是否有内容，若成立即表示该日为假日，并将此单元格背景设为红色。

最后通过参数 e 来取得选取日期的月份及日数，将该日的假日名称显示出来。

程序运行结果如图 6-21 所示。

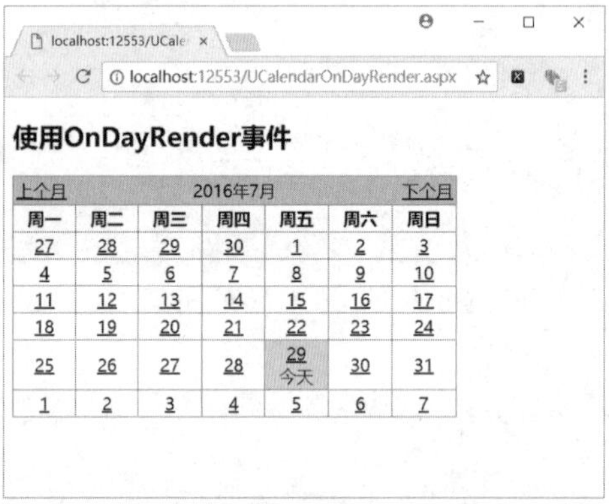

图 6-21　范例 6-13 程序运行结果

从这个范例可以看到，通过 OnDayRender 事件，可以对 Calendar 控件进行更细致的控制。

6.4　使用 FileUpload 控件上传文件

将做好的网页上传到网页空间有两种方式：一种是通过 FTP 软件；另一种则是利用 Web 接口。

在 ASP 中要使用文件上传功能，大部分都会选择使用其他厂商所开发出来的组件。但在 ASP.NET 中，可利用 FileUpload 控件，配合 HttpPostedFile 类来进行文件的上传工作。

首先，看一下 HttpPostedFile 类的相关属性及方法。

（1）FileName 属性：用来取得所上传的文件名，并包含了完整的文件路径数据。

（2）ContentLength 属性：用来取得所上传文件的大小，以字节为计算单位。

（3）ContentType 属性：用来取得所上传文件的类型。

(4) SaveAs：可将所上传的文件存到指定的路径。

以上是 HttpPostedFile 类的相关属性及方法说明。需要注意的是，在 <Form> 标签中的 EncType 需要设置为 Multipart/Form-Data，如此才能正确地运行程序。

下面看一个文件上传的范例，在这个范例中所上传的文件将会被存放在指定的目录中。

【范例6-14】用 ASP.NET 上传文件。

在网页中配置 FileUpload 控件，支持文件上传操作。另外配置一个按钮，让用户可以上传程序，如图 6-22 所示。

图 6-22　设计界面

下方的 Label 控件则用来显示相关的信息。

UploadFile.aspx

```
<body>
    <form id="form1" runat="server">
    <div>
        <asp:FileUpload ID="FileUpload1" runat="server" />
        <asp:Button ID="Button1" runat="server"
            Text=" 上传 " OnClick="Button1_Click" />
        <p>
            <asp:Label ID="Message" runat="server"
                Text="Label"></asp:Label>
        </p>
    </div>
    </form>
</body>
```

在源文件模式中，可以看到其中的控件 ID，并在后置程序代码中编写以下内容：

```
protected void Button1_Click(object sender, EventArgs e)
{
    string fileName=FileUpload1.PostedFile.FileName;
    string path=Server.MapPath("/Files/"+fileName);
    FileUpload1.PostedFile.SaveAs(path);
    Message.Text=fileName;
}
```

在按钮被单击后运行其中的内容，取得用户选取的文件名，然后组合所要存储的路径名称，将上传的文件存储至根目录下的 Files 位置。

接下来运行 SaveAs() 方法，将文件存储至指定的路径底下。

最后，将存储的文件名显示在界面中。

在开始测试之前，在项目中建立一个用来存储上传文件的文件夹 Files，这样才能正确存储上传文件。

程序运行后单击"选择文件"按钮（见图 6-23），在打开的窗口中选择想要上传的文件，然后单击"上传"按钮，如图 6-24 所示。

图 6-23　选择上传文件　　　　　　　　图 6-24　上传文件

文件上传之后，被存储在目前网页所在位置的文件夹中，打开文件夹 Files 会发现选取的文件已经存储在其中。

过去需要花费相当多的时间，甚至需要借助其他厂商所开发的组件才能完成的文件上传工作，在 ASP.NET 中已变得相当简单，用户操作起来非常方便。

小　结

本章进一步讨论了数个重要的控件，在网页开发过程中，通过这一类控件的运用，可以降低开发过程的复杂度，相对于基础的控件，可提供更丰富的功能。

习　题

1. 以下为一组 Table 控件的配置。

```
<asp:Table
    ID="对象名称"
    runat="Server">
</ASP:Table>
```

请说明如何在这个控件中，配置三行三列的表格内容。

> 配置三组 TableRow 标签，再于每一组 TableRow 标签中，配置三组 TableCell，可参考6.1 节内容。

2. 承上题，请将中间水平 TableRow 内的 3 个 TableCell，合并成单一格。

> 可参考 6.1 节内容。

3. 请配置一个文本框，并针对其设置验证功能，当使用按下按钮时，如果没有任何输入数据，显示提示的空白说明信息。

可参考范例 6-3。

4. 同上配置一个文本框，利用 RangeValidator 控件，验证用户输入的数值，必须为 1～100，并在输入的数值不符合此范围时，显示说明信息。

可参考范例 6-5。

5. 建立一个注册页，在其中实作验证重复输入密码的功能。

可参考的范例 6-6。

6. 请解释以下身份证字号的验证表示式

```
ValidationExpression="[a-zA-Z](1|2)\d{8}"
```

可参考范例 6-7。

7. 简述 ValidationSummary 控件的功能。

显示所有未通过验证的错误信息。

8. 请在网页上配置一个日历，当用户点击任何一天时，将这一天的日期显示在画面上。

参考范例 6-13。

第7章
与数据库互动

7.1 建立测试数据库

ASP.NET 针对数据库操作功能提供了相关的支持，可以选择通过控件进行设置快捷键需要的功能，或者利用 ADO.NET 以程序化方式进一步建立商业级的应用网页。本章将专注于 Visual Studio 与 ASP.NET 数据控件的初步讨论。

Visual Studio 提供了完整的数据库系统建立开发与测试环境，本章对相关的功能操作进行示范说明。

（1）建立新的项目，并且打开解决方案资源管理器。右击其中的 App_Data 文件夹，在弹出的快捷菜单中选择"添加"→"SQL Server 数据库"命令中，新建一个数据库文件，如图 7-1 所示。

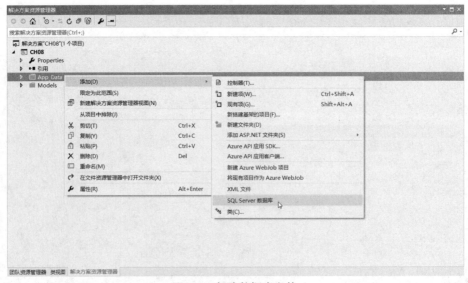

图 7-1　新建数据库文件

（2）在"项名称"文本框输入自定义的数据库名称，例如 AdoDb1（见图 7-2），单击"确定"按钮，建立一个全新的数据库文件。

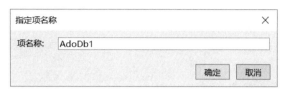

图 7-2 定义数据库名称

（3）回到"解决方案资源管理器"窗口，可以看到一个新的数据库 AdoDb1.mdf 已建立在 App_Data 文件夹中，如图 7-3 所示。其中，mdf 是 SQL Server 数据库文件的扩展名。在解决方案资源管理器中双击 AdoDb01.mdf，打开"服务器资源管理器"窗口，如图 7-4 所示。

图 7-3 "解决方案资源管理器"窗口

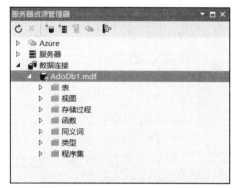

图 7-4 "服务器资源管理器"窗口

在这个窗口中，读者可以看到新立的数据库 AdoDb1.mdf 已经出现在"数据连接"中。

（4）右击"表"选项，在弹出的快捷菜单中选择"添加新表"命令（见图 7-5），打开设置窗口，如图 7-6 所示。

图 7-5 添加新表

图 7-6 设置新表

读者可逐一输入域名、数据类型以建立数据表结构，或者直接在界面下方的 T-SQL 窗口中，输入建立数据表的 SQL 语句，如图 7-7 所示。

(5) 单击左上角的"更新"按钮,即可完成新建操作,在打开的"预览数据库更新"对话框中, 单击"更新数据库"按钮完成更新操作, 如图 7-8 所示。

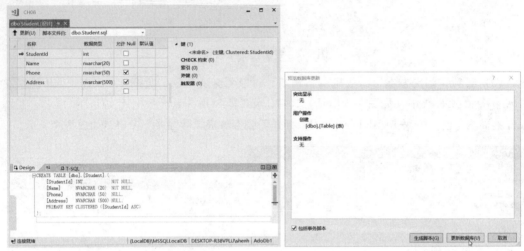

图 7-7　设置数据表　　　　　　　　　　　　　图 7-8　完成更新

以下列举所需的 SQL 语句：

```
CREATE TABLE [dbo].[Student](
    [StudentId] INT          NOT NULL,
    [Name]      NVARCHAR(20)  NOT NULL,
    [Phone]     NVARCHAR(50)  NULL,
    [Address]   NVARCHAR(500) NULL,
    PRIMARY KEY CLUSTERED([StudentId] ASC)
);
```

(6) 建立测试数据，展开菜单选择"追加查询"命令，在出现的 SQL 编辑窗口中，输入 SQL 语句，如图 7-9 所示。

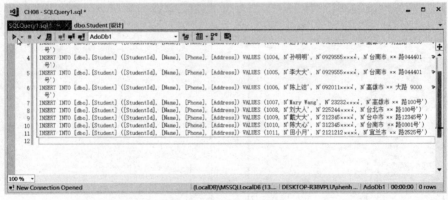

图 7-9　输入 SQL 语句

如果要检查 SQL 语句是否正确，可单击工具栏中的"✓"按钮，界面下方会打开 T-SQL 窗口，其中显示"已成功完成命令"语句（见图 7-10），说明正确无误，单击"▶"按钮完成数据的建立程序。

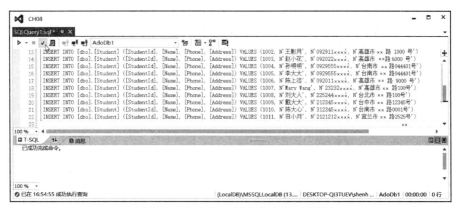

图 7-10　检查 SQL 语句命令的正确性

当看到界面中的信息时，表示数据已经成功逐一输入数据库中，如图 7-11 所示。

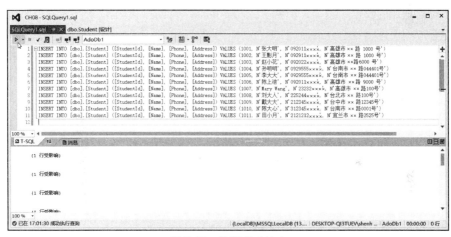

图 7-11　数据成功输入

以下列举这里所使用的 SQL 语句内容：

```
INSERT INTO [dbo].[Student] ([StudentId], [Name], [Phone], [Address])
VALUES (1001, N'张大明', N'092011××××', N'高雄市 ××路 1000 号')
INSERT INTO [dbo].[Student] ([StudentId], [Name], [Phone], [Address])
VALUES (1002, N'王影月', N'092911××××', N'高雄市 ××路 1000 号')
INSERT INTO [dbo].[Student] ([StudentId], [Name], [Phone], [Address])
VALUES (1003, N'赵小花', N'092022××××', N'高雄市 ××路 6000 号')
INSERT INTO [dbo].[Student] ([StudentId], [Name], [Phone], [Address])
VALUES (1004, N'孙明明', N'092033××××', N'高雄市 ××路 2500 号')
INSERT INTO [dbo].[Student] ([StudentId], [Name], [Phone], [Address])
VALUES (1005, N'李大大', N'092011××××', N'高雄市 ××路 2200 号')
INSERT INTO [dbo].[Student] ([StudentId], [Name], [Phone], [Address])
VALUES (1006, N'陈上洁', N'092011××××', N'高雄市 ××路 9000 号')
```

（7）在 AdoDb1.mdf 打开菜单，选择其中的"显示表数据"命令，显示用 SQL 语句新建的数据内容，如图 7-12 所示。

图 7-12　显示数据内容

7.2　连接数据库

本节针对上述的数据库建立一个网页，将 Student 数据表的数据内容显示在网页上。

【范例 7-1】制作 UDatabase 网页。

（1）新建一个网页文件 UDatabase.aspx，并按下【Ctrl+Alt+X】组合键打开工具箱，打开"数据"项目。在其中找到 SqlDataSource，将其拖动至 UDatabase.aspx 的设计画面中（见图 7-13），再将 GridView 拖动至画面。

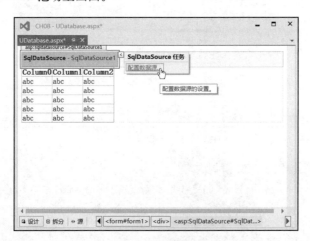

图 7-13　拖动数据项

（2）单击 SqlDataSource 控件右上方的箭头，展开"SqlDataSource 工作"设置接口，单击"配置数据"，打开设置对话框。

（3）展开界面最上方的下拉菜单，选择 AdoDb1.mdf，然后单击"新建连接"左方的按钮展开，会看到其中显示程序连接数据库所需的连接字符串，按"下一步"按钮继续完成设置，如图 7-14 所示。

（4）接受默认勾选，单击"下一步"按钮继续设置如图 7-15 所示。

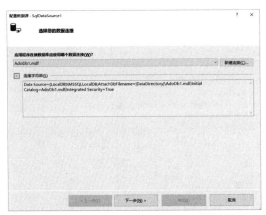

图 7-14　选择数据库连接　　　　　　图 7-15　保存连接字符串

（5）在"配置 Select 语句"对话框中，可以选择要连接的数据内容，先接受默认的设置，也就是勾选"*"以表示要取回所有的资料，单击"下一步"按钮，如图 7-16 所示。

（6）在打开的设置对话框中，单击"测试查询"按钮，会显示之前的设置结果，如图 7-17 所示。其中，出现数据库中 Student 数据表的所有数据内容，请特别注意下方的 SELECT 语句内容，为取回数据所需的 SQL 语句，最后单击"完成"按钮，表示数据源的设置工作已经完成。

图 7-16　"配置 Select 语句"对话框　　　　图 7-17　"测试查询"对话框

（7）选择 GridView 控件，单击右上角的箭头按钮展开设置接口。

展开"选择数据源"菜单，选择上述设置好的 SqlDataSource1 作为其数据源（见图 7-18），这个动作会建立数据绑定（见图 7-19），如此一来即完成相关的设置。

图 7-18　选择数据源　　　　　　图 7-19　建立数据绑定

（8）在浏览器查看此网页，已成功地将 Student 数据表的内容显示在网页。切换至网页"源"模式，查看其中的内容，如图 7-20 所示。

图 7-20　查看源代码

其中的 <asp:SqlDataSource> 标签，包含数据库的连接与 SQL 语句设置，ConnectionString 属性表示数据库的连接字符串，由于之前将其设置为保存在配置文件，如图 7-21 所示。

图 7-21　设置 ConnectionString 属性

因此在项目的配置文件 Web.config 中配置了连接字符串保存连接信息，将其打开，如图 7-22 所示。

其中的 <connectionStrings> 标签属性 connectionString 记录了连接字符串，也就是上述选择数据库连接时显示的连接字符串内容。

因此这里的设置要求网页运行的过程中，会从 Web.config 中的 <connectionStrings> 标签属性 connectionString 找到连接信息，进行数据库的连接。接下来 <asp:SqlDataSource> 标签的 SelectCommand 属性为所要读取数据的 SQL 语句 SELECT * FROM [Student]，这段语句会被传送回数据库取得所要使用的数据内容。

图 7-22　Web.config 文件

而负责呈现数据的 GridView 标签 <asp:GridView>，其中的属性 DataSourceID 设置为 SqlDataSource1，如此一来 <asp:SqlDataSource> 标签都由指定连接与 SQL 语句所取回的数据就能顺利地显示在网页。

到目前止，我们完成了数据库与数据连接的设计讨论，同时通过初步的 GridView 设置，完成了数据的读取与显示操作。这是最简单的数据库应用，实际的在线应用并没有这么简单，还需要更多高级的技巧与工具项协助我们建立更复杂的功能。

7.3　List 控件

List 控件是 ASP.NET 内建的标准控件，以表格的方式显示并支持数据操作，包含 CheckBoxList、RadioButtonList、DropDownList 及 ListBox。这些控件支持数据库整合功能，主要包含 DataSource、DataTextField 与 DataValueField 等 3 个与数据源设置有关的属性（见表 7-1），通过这些属性的设置可以进一步与数据库进行互动。

表 7-1　与数据源设置有关的属性

属　　性	说　　明
DataSource	设置或取得数据源
DataTextField	设置或取得要控件显示数据的来源字段
DataValueField	设置或取得要控件返回数据的来源字段

以下利用一个实际的范例，示范 List 控件的数据源设置与效果。

【范例 7-2】建立制作 UDDList.aspx 网页。

（1）在新建立的网页 UDDList.aspx 中配置 SqlDataSource 控件并完成必要的设置，如图 7-23 所示。然后，从工具箱中拖动一个 DropDownList 控件到网页中，接着设置其数据源。

（2）单击 ">" 按钮并在展开的菜单中选择 "选择数据源"，打开 "数据源配置向导" 对话框（见图 7-24），在 "选择数据源" 下拉列表中选择 SqlDataSource1，单击左下方的 "重新架构"

加载数据表结构信息。

图 7-23　配置 SqlDataSource 控件

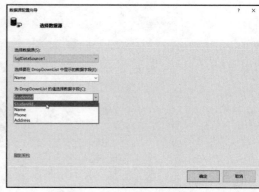

图 7-24　"数据源配置向导"对话框

（3）设置显示的数据清单来源与选取的数据字段，第二个下拉列表中选择 Name，表示由数据表的 Name 字段作为要显示的列表数据源，对应至 DataTextField 属性，第三个下拉列表则指定为 StudentId,对应至 DataValueField 属性。如此一来,当用户选取了某一个学生的姓名时,对应的编号值也可一并取出。现在在浏览器查看此网页的初步设置结果，如图 7-25 所示。

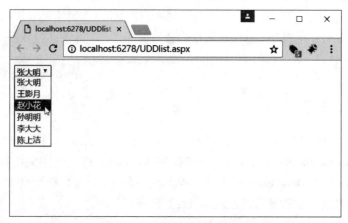

图 7-25　网页初步设置结果

设置结果呈现一组下拉列表，其中以 Name 为清单支持用户的选取操作。回到设计界面，配置一个 Label 控件。切换后置程序代码，编写内容如下：

```
protected void DropDownList1_SelectedIndexChanged(object sender,
EventArgs e)
{
    string studentId=((DropDownList)sender).SelectedItem.Value;
    string name=((DropDownList)sender).SelectedItem.Text;
    Label1.Text=studentId+"/"+name;
}
```

引用 SelectedItem 可以取得用户选取的项目，SelectedItem.Value 为点选项目的对应值，也就是 DataValueField 属性设置的内容，而 SelectedItem.Text 则是点选项目呈现的文字。最后合并取得的值显示在画面上。

DropDownList1_SelectedIndexChanged 这个方法在用户改变选取项目时被运行，如果现在运行网页进行点选切换将不会有效果，还必须设置 AutoBostBack 将 DropDownList 控件菜单展开，选中"启用 AutoPostBack"复选框即可，如图 7-26 所示。当选取某些数据时，会显示此数据对应的 StudentId 与 Name，如图 7-27 所示。

现在重新运行网页结果如图 7-28 所示。

图 7-26　启用 AutoPostBack

图 7-27　显示数据源

图 7-28　网页运行结果

另外，也可以直接引用 SelectedValuc 属性取代 SelectedItem.Value，效果相同，例如以下的程序代码：

```
string studentId=((DropDownList)sender).SelectedValue;
```

（4）打开"源"设置，查看其中的内容：

```
<body>
    <form id="form1" runat="server">
    <asp:SqlDataSource ID="SqlDataSource1" runat="server"
            ConnectionString="<%$ ConnectionStrings:ConnectionString %>"
                SelectCommand="SELECT*FROM [Student]"></asp:SqlData
Source>
            <asp:DropDownList ID="DropDownList1" runat="server"
DataSourceID="SqlDataSource1"
            DataTextField="Name" DataValueField="StudentId"
                OnSelectedIndexChanged="DropDownList1_SelectedIndex
Changed"
            AutoPostBack="True" Width="70px" ></asp:DropDownList>
            <asp:Label ID="Label1" runat="server" Text="Label"></
asp:Label>
```

```
        </form>
    </body>
```

DropDownList 控件由 <asp:DropDownList> 标签定义，在上述设置过程中，指定了数个属性，DataSourceID 为连接的数据源控件，DataTextField 与 DataValueField 属性分别表示所要呈现的项目名称与对应的项目值，OnSelectedIndexChanged 在选取不同项目时被触发。

DropDownList 还可以通过数据索引值进行操作，首先可以通过程序指定 SelectedIndex 属性值以选取特定项目，另外，还可以通过 Items 属性取得所有连接的数据集合，并且通过指定索引值将其对应的数据项取出。下面进一步编写 DropDownList 控件 OnDataBound 事件响应程序。

```
<asp:DropDownList ID="DropDownList1" runat="server" DataSourceID=
"SqlDataSource1"
    DataTextField="Name" DataValueField="StudentId"
    OnSelectedIndexChanged="DropDownList1_SelectedIndexChanged"
    OnDataBound="DropDownList1_DataBound"
    AutoPostBack="True" Width="120px">
</asp:DropDownList>
```

当 DropDownList 进行数据源的连接时，运行以下程序代码：

```
protected void DropDownList1_DataBound(object sender, EventArgs e)
{
    int sindex=3;
    ((DropDownList)sender).SelectedIndex=sindex;
    string studentId=((DropDownList)sender).Items[sindex].Value;
    string name=((DropDownList)sender).Items[sindex].Text ;
    Label1.Text=studentId+"/"+name;
}
```

（5）将 SelectedIndex 属性设置为 sindex，表示选取下拉列表数据项中的第四个，然后取得第四个项目的显示名称与项目值将其输出。

网页加载之后可以看到其中显示的是第四个数据项，且同时取出这个数据的编号及名称，如图 7-29 所示。

图 7-29　网页运行结果

其他的 List 控件设置方式相同，只是以不同的操作形式呈现，了解 DropDownList 控件之后，下面对其他几个相同类型的控件进行说明。

1. ListBox 控件

ListBox 控件以列举列表的方式呈现数据内容，提供用户进行选取操作，以下建立另外一个网页 UList.aspx 进行示范。

【范例 7-3】建立 UList.aspx 网页。

（1）配置所需的 SqlDataSource 控件，其数据源设置同范例 7-2，然后配置 ListBox 控件，如图 7-30 所示。

（2）打开设置工作面板，单击"选择数据源"，在打开的"选择数据源"对话框指定数据源以及项目显示文字与项目值的来源字段，如图 7-31 所示。

图 7-30　配置控件　　　　　　　　图 7-31　指定数据源及字段

在画面下方配置一组 Label 控件：

```
protected void ListBox1_SelectedIndexChanged(object sender, EventArgs e)
{
    string studentId=((ListBox)sender).SelectedItem.Value;
    string name=((ListBox)sender).SelectedItem.Text;
    Label1.Text=studentId+"/"+name;
}
```

其中，将参数 sender 转型为 ListBox，其他设置原理同 DropDownList 控件。到目前为止，与 DropDownList 控件的设置均相同，输出结果如图 7-32 所示。

图 7-32　网页输出结果

这一次数据是以列表的方式呈现，当项目超过可以显示的高度时会出现滚动条，单击任何一个项目会显示此项目以及对应的数据值。

ListBox 完整地呈现列表数据项，相对于 DropDownList 控件，同时支持多选功能，按下【Ctrl】键同时可以点选一个以上的数据项，但为了避免点选时返回网页，必须取消 AutoPostBack="True" 设置，另外提供一个按钮，让用户可以在完成选取之后送出，现在配置界面如图 7-33 所示。

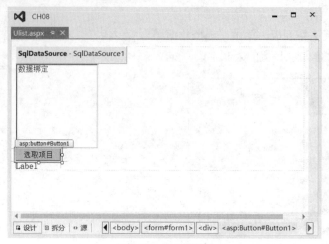

图 7-33　配置界面

图 7-33 中标示为"选取项目"的是一个 Button 控件，切换至源文件：

```
<body>
    <form id="form1" runat="server">
        <asp:SqlDataSource ID="SqlDataSource1" runat="server"
            ConnectionString="<%$ ConnectionStrings:ConnectionString %>"
                SelectCommand="SELECT*FROM [Student]"></asp:SqlDataSource>
            <asp:ListBox ID="ListBox1" runat="server" DataSourceID="Sql
DataSource1"
            DataTextField="Name" DataValueField="StudentId"
            Height="144px" Width="163px"
            OnSelectedIndexChanged="ListBox1_SelectedIndexChanged"
            SelectionMode="Multiple">
</asp:ListBox>
        <div>
            <asp:Button ID="Button1" runat="server"
Text=" 选取项目 " OnClick="Button1_Click" />
        </div>
        <div>
            <asp:Label ID="Label1" runat="server" Text="Label">
</asp:Label>
        </div>
    </form>
</body>
```

（3）ListBox 必须设置 SelectionMode="Multiple" 以支持多选操作，而 Button 控件则配置必要的 OnClick 事件处理程序。

```
protected void Button1_Click(object sender, EventArgs e)
{
    Label1.Text="";
    int[] indices=ListBox1.GetSelectedIndices();
    foreach(int i in indices)
    {
```

```
            string studentId=ListBox1.Items[i].Value;
            string name=ListBox1.Items[i].Text;
            Label1.Text+=studentId+"/"+name+"<br/>";
        }
    }
```

运行 GetSelectedIndices() 方法可以取得用户选取的所有项目，因此当按钮被单击时，会先运行这个方法以取得所有被选取数据项的索引值列表，一个 int 类型的数组，紧接着利用循环逐一将数据取出，并加入 Label 控件以换行呈现。

此处运行结果是按【Ctrl】键同时点选三项数据，并且单击"选取项目"按钮的输出，如图 7-34 所示。

图 7-34　网页输出结果

2. CheckBoxList 与 RadioButtonList

当需要一系列的复选框或者单选按钮时，可以分别使用 CheckBoxList 或者 RadioButtonList。

【范例 7-4】新建 UCRList.aspx 网页。

（1）在新建立的 UCRList.aspx 网页中配置 SqlDataSource 控件，然后分别配置一组 CheckBoxList 控件与 RadioButtonList 控件，同时将其数据源设置为 SqlDataSource 控件，如图 7-35 所示。

图 7-35　配置控件

（2）为了方便查看，将控件配置在 Table 标签中，切换至源文件可以看到其中的内容如下：

```
<body>
    <form id="form1" runat="server">
        <asp:SqlDataSource ID="SqlDataSource1" runat="server"
            ConnectionString="<%$ ConnectionStrings:ConnectionString %>"
```

```
                    SelectCommand="SELECT * FROM [Student]"></asp:SqlData
Source>
        <table>
           <tr><th>CheckBoxList</th><th>RadioButtonList</th></tr>
           <tr>
              <td>
                    <asp:CheckBoxList ID="CheckBoxList1"runat="server"
                    DataSourceID="SqlDataSource1"
                    DataTextField="Name"DataValue Field="StudentId">
                 </asp:CheckBoxList>
              </td>
              <td>
                    <asp:RadioButtonList ID="RadioButtonList1"
runat="server"

                    DataSourceID="SqlDataSource1"
                    DataTextField="Name" DataValueField="StudentId">
                 </asp:RadioButtonList>
              </td>
           </tr>
        </table>
     </form>
  </body>
```

（3）在浏览器查看效果，如图 7-36 所示。

图 7-36　网页浏览效果

（4）CheckBoxList 以连接的数据为基础呈现一系列复选框，用户可以进行多重选取，而 RadioButtonList 则只允许单选。无论多选还是单选内容，程序语法均相同，因此接下来直接进行测试，进一步配置标签与按钮，如图 7-37 所示。

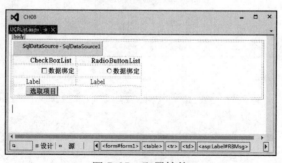

图 7-37　配置控件

（5）CheckBoxList 下方的 Label 命名为 CBMsg，希望当用户单击"选取项目"按钮时，显示勾选的复选框项目，而 RadioButtonList 下方的 Label 命名为 RBMsg，显示勾选单选项目，以下为按钮的 OnClick 事件处理程序：

```
protected void Button1_Click(object sender, EventArgs e)
{
    CBMsg.Text="";
    RBMsg.Text="";
    ListItemCollection collection=CheckBoxList1.Items;
    foreach (ListItem item in collection)
    {
        if (item.Selected)
        {
            string sId=item.Value;
            string sname=item.Text;
            CBMsg.Text+=(sId + "/" + sname + "<br/>");
        }
    }
    string studentId = RadioButtonList1.SelectedItem.Value;
    string name=RadioButtonList1.SelectedItem.Text;
    RBMsg.Text=studentId + "/" + name;
}
```

其中，首先清空两个 Label 的内容，接下来取得所有的 CheckBox 项目，利用循环逐一查看此项目的 Selected 属性，如果 true 表示被选取，则将其对应的编号以及显示文字取出，设置给 CBMsg，由于可以超过一个以上，因此重复连接。

（6）取得 RadioButtonList 选取值，因为只有一个，所以直接显示在 RSMsg 上。完成选取之后，单击"选取项目"按钮，画面上分别显示选取的内容，如图 7-38 所示。

图 7-38　显示选取内容

7.4　数据控件

标准控件中 List 控件仅提供基本的数据操作功能，与数据操作有关的高级控件，均放在工具箱的"数据"分类中，如图 7-39 所示。

将其展开可以看到一系列控件，其中用户已经初步体验 GridView 的设置，原则上只要完成 SqlDataSource 控件的数据连接，就可以正确地显示数据，但是每一种控件根据其设计的特性，还需要进一步调整才能正确地运用在开发中。碍于篇幅这里无法完整讨论所有的数据控件，其中某些控件甚至牵涉高级的技术。下面将重点介绍几个实用的控件，从入门到高级进行完整的示范说明。

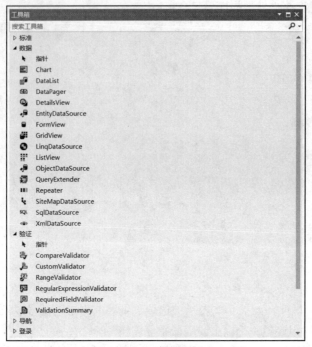

图 7-39 "工具箱"窗口

本书将讨论的数据控件有 6 种，如表 7-2 所示。

表 7-2 部分数据控件及说明

类 型	控 件	说 明
基本	Repeater	列表数据列举
	DataList	列表数据列举，灵活性自定义布局
高级	ListView	列表数据列举，支持控件内参加编辑、分页功能
	FormView	单笔数据列举，支持控件内参加编辑、分页功能
复杂	GridView	表格数据列举，支持控件内参加编辑、分页功能
	DetailsView	列表数据列举，搭配 GridView 建立主从明细编辑接口功能

基本类的控件是 WebForms 早期导入的数据控件，提供简易的数据呈现功能，必须自行编写程序代码处理分页与数据编辑等高级功能。高级控件进一步改良基本控件的设计，通过这一类控件的内键支持，开发人员可以快速地建立完整的数据编辑功能网页。

复杂类型的控件，提供更细腻且更强大的功能，对于建立以主从明细型格式呈现的功能接口网页特别有用。

本章后续的内容，将针对基本与高级数据控件进行讨论，GridView 与 DetailsView 则在第 8 章进行讨论。

1. Repeater 控件

使用数据控件首先必须了解模板的概念，数据控件可支持更复杂的数据呈现与操作功能，因此必须通过模板自定义呈现的外观。本章一开始建立的测试数据，如图 7-40 所示。

图 7-40　测试数据

构成这个界面的内容所需的 HTML 的 table 标签内容结构如下：

```
<table order="1">
  <tr>
      <th>编号 </th><th> 姓名 </th><th> 电话 </th><th> 住址 </th>
  </tr>

  <tr>
      <td>1001 </td>
      <td> 张大明 </td>
      <td>0920111000 </td>
      <td> 高雄市 × × 路 1000 号 </td>
  </tr>

  <tr>
      <td>1002 </td>
      <td> 王影月 </td>
      <td>0929111222 </td>
      <td> 高雄市 1000 号 </td>
  </tr>

  …
  …

</table>
```

用户可以将其中的内容分隔成三部分，第 2～4 行代码构成表格的标题，中间的部分是重复显示数据的结构，最后一行代码则是 table 标签的结尾。Repeater 控件可以让用户通过不同的模板，建立这三部分，如表 7-3 所示。

表 7-3　模板及说明

模　　板	说　　明
HeaderTemplate	显示数据标题，在此模板内数据只会出现一次，且不能使用数据连接
ItemTemplate	呈现数据内容，此为必要模板，不可省略
FootTemplate	设置数据表格结束时的样式，与 HeaderTemplate 一样，只会出现一次且不能使用数据连接

每一种模板均由一组标签进行设置，表 7-3 中列的是 3 个主要模板，利用这 3 个模板即可建构上述的数据表。

【范例 7-5】制作 URepeat.aspx 网页。

（1）在新建立的网页文件 URepeat.aspx 中，配置 SqlDataSource 控件以建立所需的数据源连接，并以此建立 Repeater 控件，如图 7-41 所示。

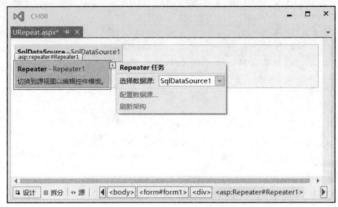

图 7-41　配置控件

（2）切换至源文件，配置以下的内容：

```
<body>
    <form id="form1" runat="server">
        <div>
            <asp:SqlDataSource ID="SqlDataSource1" runat="server"
                ConnectionString="<%$ ConnectionStrings:ConnectionString %>"
                SelectCommand="SELECT * FROM [Student]"></
asp:SqlDataSource>
            <asp:Repeater ID="Repeater1" runat="server"
                DataSourceID="SqlDataSource1">
            <HeaderTemplate>
            <table border="1"><tr>
                <th>编号 </th><th>姓名 </th><th>电话 </th><th>住址 </th>
                </tr>
                </HeaderTemplate>
                <ItemTemplate>
                <tr>
                    <td><%#DataBinder.Eval(Container.DataItem,"Student
Id") %> </td>
                    <td><%#DataBinder.Eval(Container.DataItem,"Name")%> </td>
                    <td><%#DataBinder.Eval(Container.DataItem,"Phone")%> </td>
                    <td><%# DataBinder.Eval(Container.DataItem,"Address")%>
                    </td>
                    </tr>
                </ItemTemplate>
                <FooterTemplate>
            </table>
            </FooterTemplate>
        </asp:Repeater>
```

```
            </div>
        </form>
</body>
```

将 <asp:Repeater> 标签的 DataSourceID 设置为 SqlDataSource1，然后在其中配置构成数据表内容的模板。<HeaderTemplate> 标签建立所需的数据表格标题，<FooterTemplate> 标签则是数据表格的结尾，而资料的呈现则由 <ItemTemplate> 标签负责。

一组 <ItemTemplate> 标签负责建构重复结构的模板，其中一个 <td> 标签是一个字段，通过运行 DataBinder.Eval() 方法，连接数据源，Container.DataItem 表示所要连接的数据项，而第二个参数则是数据项的名称，如此一来形成一笔完整的数据，而 <ItemTemplate> 最后重复列举所有的数据内容直到结束。

除了三组基础模板，表 7-4 还列举了其他 2 种可用的模板。

表 7-4　其他 2 种可用模板

模　　板	说　　明
AlternationItemTemplate	若有设置此模板，则会与 Item 模板交互出现
SeparatorTemplate	用来分隔两笔记录的模板

以下先就 AlternationItemTemplate 模板进行设计，在 <ItemTemplate> 下方再配置一组 < Alternatingitemtemplate >。

```
<AlternatingItemTemplate >
  <tr>
    <td style="background-color: silver;">
        <%#  DataBinder.Eval(Container.DataItem,"StudentId") %> </td>
    <td style="background-color: silver;">
        <%#  DataBinder.Eval(Container.DataItem,"Name") %> </td>
    <td style="background-color: silver;">
        <%#  DataBinder.Eval(Container.DataItem,"Phone") %> </td>
    <td style="background-color: silver;">
        <%#  DataBinder.Eval(Container.DataItem,"Address") %> </td>
  </tr>
</AlternatingItemTemplate >
```

这组模板内容同上述的 <ItemTemplate> 标签设置，只是将 HTML 标签 td 的背景样式设为淡灰色，输出结果如图 7-42 所示。

图 7-42　网页输出结果（一）

一旦设置了 < Alternatingitemtemplate > 模板，它就与 <ItemTemplate> 共同成为数据的呈现模板，并且在数据输出时交替套用。

读者必须注意的是，除了 <ItemTemplate>，其他的模板都可以省略，如果想要自定义非表格的呈现样式，可以使用 <ItemTemplate>，现在重新修改模板设计，删除所有模板，并新建一组 <ItemTemplate> 如下：

```
<asp:repeater id="Repeater2" runat="server" datasourceid="SqlDataSource1">
<ItemTemplate>
<asp:Panel ID="Panel1" runat="server">
<%#  DataBinder.Eval(Container.DataItem,"StudentId") %>
<%#  DataBinder.Eval(Container.DataItem,"Name") %>
    <br />
       <asp:Label ID="Label3" runat="server" Text="电话: "></asp:Label>
<%#  DataBinder.Eval(Container.DataItem,"Phone") %> </label>
       <br />
          <asp:Label ID="Label4" runat="server" Text="住址: "></asp:Label>
<%#  DataBinder.Eval(Container.DataItem,"Address") %>
</asp:Panel>
</ItemTemplate>
</asp:repeater>
```

其中以格式栏列举每一组数据项，并搭配项目名称，得到如图 7-43 所示输出结果。

所有的数据以指定的格式分组输出，尽管已经达到所要的结果，但是因为数据间未提供分隔设置，因此难以阅读，这时就可以使用 <SeparatorTemplate> 标签，配置如下：

```
<SeparatorTemplate>
<hr />
</SeparatorTemplate>
```

现在每一组数据将根据 <SeparatorTemplate> 标签的设置，置入一组 <hr/> 标签，以呈现水平分隔线，输出结果如图 7-44 所示。

图 7-43　网页输出结果（二）

图 7-44　网页输出结果（三）

<SeparatorTemplate> 允许你配置任意的内容作为分隔标示的模板。

2．DataList 控件

如果想要直接使用内键格式呈现数据，DataList 控件是一个比较简单的选择。其使用的原理同上述说明，只要通过 SqlDataSource 控件设置数据源，再进一步以指定的格式输出即可。

【范例 7-6】制作 UDataList.aspx 网页。

（1）参考前述范例完成 SqlDataSource 控件的配置与设置，并且在其中配置一个 DataList 控件，打开工作面板进行设置，如图 7-45 所示。

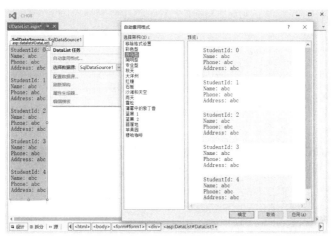

图 7-45　配置控件

（2）除了指定出现在选单中的 SqlDataSource 控件，另外选择"自动套用格式"命令打开"自动套用格式"对话框，此时可以看到各项内容的格式样式列表，选择任一格式项目，界面右边出现此格式的样式图，单击"确定"按钮，即可完成设置，这里选择"传统型"，结果如图 7-46 所示。

图 7-46　选择自动套用格式后的结果

（3）其中的数据根据指定的格式出现在界面中。现在切换至"源"编辑模式，其内容如图 7-47 所示。

图 7-47　"源"编辑模式

通过进行设置，就可以得到原来在 Repeater 控件中，必须手动输入的内容，<ItemTemplate> 已自动设置完成，相比之下使用 DataList 建立数据呈现网页要方便许多。

Repeater 与 DataList 是比较简单的数据控件，针对更复杂的数据操作功能（例如分页与编辑等），并没有直接提供支持，下面针对更高级的数据控件进行讨论。

7.5　高级数据控件

当需要更高级的数据清单维护功能时，可以考虑高级与复杂控件，相对于基本数据控件，这两组控件使用不同的设计原理，同时支持 DataSource 控件的编辑功能，并可通过数据分页控件的协助，快速建立分页操作接口。

1. ListView 控件

ListView 控件以更先进的模板设计支持完全自定义的数据输出与编辑功能开发，针对数据的输出，模板的运行原理与 Repeater 稍微有些差异。需要两组基本的模板，除了上述已经提及的 ItemTemplate，另外还有一组提供整体版面配置所需功能的 Layout Template，以下利用一组范例网页进行说明。

【范例 7-7】建立 UListView.aspx 网页。

（1）完成基本的数据源配置，以支持进一步的功能设计，如图 7-48 所示。

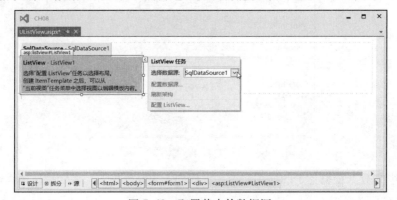

图 7-48　配置基本的数据源

（2）切换至源文件，于其中配置 Layout Template 与 ItemTemplate：

```
<body>
    <form id="form1" runat="server">
        <asp:SqlDataSource ID="SqlDataSource1" runat="server"
            ConnectionString="<%$ ConnectionStrings:ConnectionString %>"
            SelectCommand="SELECT*FROM [Student]"></asp:SqlData
Source>
        <asp:ListView ID="ListView1" runat="server"
            DataSourceID="SqlDataSource1">
        <LayoutTemplate>
            <table border="1">
                <tr>
                    <th> 编号 </th>
                    <th> 姓名 </th>
                    <th> 电话 </th>
                    <th> 住址 </th>
                </tr>
                <tr runat="server" id="itemPlaceholder"></tr>
            </table>
        </LayoutTemplate>
        <ItemTemplate>
            <tr>
                <td><%# Eval("StudentId") %> </td>
                <td><%# Eval("Name") %> </td>
                <td><%# Eval("Phone") %> </td>
                <td><%# Eval("Address") %> </td>
            </tr>
        </ItemTemplate>
    </asp:ListView>
    </form>
</body>
```

<LayoutTemplate> 标签定义整体的输出架构，因此其中完整地嵌入 <table> 标签架构内容，tr 标签中，将 id 属性设置为 ItemPlaceholder，表示用来呈现数据内容。接下来设置 ItemTemplate，原理同上述的 Repeater 模板，而这一组模板的内容将会呈现在 ItemTemplate 这组 <tr>…</tr> 的位置，以此格式栏列举所有的数据清单。

<LayoutTemplate> 标签定义 ListView 所需的模板规则，如上述的示范，ListView 套用的 HeaderTemplate 与 FootTemplate 在这里并不支持，必须在 <LayoutTemplate> 标签中直接定义完成整体输出架构。

除了 ItemTemplate 模板，上述讨论的 Alternatingitemtemplate 模板以及分隔模板运用原理均相同，以下调整 <ItemTemplate> 的设计。

```
<asp:ListView ID="ListView1" runat="server" DataSourceID="SqlDataSource1">
<LayoutTemplate>
<asp:Panel ID="itemPlaceholder" runat="server"></asp:Panel>
</LayoutTemplate>
<ItemTemplate>
```

```
<%#  Eval("StudentId") %>
<%#  Eval("Name") %>
    <br />
<asp:Label ID="Label1" runat="server" Text="电话: "></asp:Label>
    <%#  Eval("Phone") %>
    <br />
    <asp:Label ID="Label2" runat="server" Text="住址: "></asp:Label>
    <%#  Eval("Address") %>
</ItemTemplate>
<ItemSeparatorTemplate>
<hr />
</ItemSeparatorTemplate>
</asp:ListView>
```

在这个配置内容中，要特别注意采用 <ItemSeparatorTemplate> 标签定义分隔样式。

2. 建立分页功能

通常列举数据的网页都会提供分页功能以支持跳页查看操作，<asp:DataPager> 标签可以让用户轻易达到这个目的。在上述的 ListView 范例网页中，将 DataPager 控件拖动至网页中，列举如下：

```
<body>
    <form id="form1" runat="server">
        <asp:SqlDataSource ID="SqlDataSource1" runat="server"
            ConnectionString="<%$ ConnectionStrings:ConnectionString %>"
                SelectCommand="SELECT*FROM [Student]"></asp:SqlData
Source>
        <asp:ListView ID="ListView1" runat="server"
DataSourceID="SqlDataSource1">
            <LayoutTemplate>
                ...
            </LayoutTemplate>
            <ItemTemplate>
                ...
            </ItemTemplate>
        </asp:ListView>
        <asp:Panel ID="Panel1" runat="server" >
        <asp:DataPager ID="DataPager1" runat="server"
            PagedControlID="ListView1" PageSize="2" >
            <Fields>
                <asp:NextPreviousPagerField ButtonType="Button"
                    ShowFirstPageButton="True"
                    ShowLastPageButton="True"  />
            </Fields>
        </asp:DataPager>
        </asp:Panel>
    </form>
</body>
```

紧接着于 <asp:ListView> 标签后续配置 <asp:DataPager> 标签，将 PagedControlID 属性设

置为 ListView 控件的 ID，为两者建立关联，PageSize 属性则是每一个分页所要呈现的数据笔数。接下来的子标签 <Fields> 则定义分页要呈现的操作接口，这里的设置会显示分页按钮，网页浏览结果如图 7-49 所示。

图 7-49　网页浏览结果

读者请自行操作，可以看到分页的效果。回到设计页面，可以进一步调整所要呈现的界面样式，如图 7-50 所示。

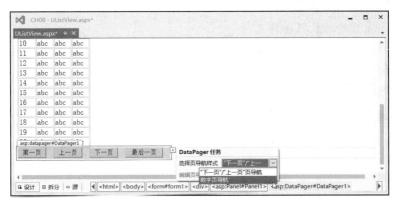

图 7-50　分页效果

上述的结果是"下一页""上一页"页导航样式，将其切换至"数字页导航"便会得到如图 7-51 所示的结果。

图 7-51　"数字页导航"效果

这一次以数字链接格式提供分页功能，<asp:DataPager> 标签修正如下：

```
<asp:DataPager ID="DataPager1" runat="server"
                SPagedControlID="ListView1" PageSize="2" >
<Fields>
    <asp:NextPreviousPagerField ButtonType="Button"
                    ShowFirstPageButton="True"
                    ShowNextPageButton="False"
                    ShowPreviousPageButton="False" />
    <asp:NumericPagerField />
    <asp:NextPreviousPagerField ButtonType="Button"
                    ShowLastPageButton="True"
                    ShowNextPageButton="False"
                    ShowPreviousPageButton="False" />
</Fields>
</asp:DataPager>
```

其中，<asp:NumericPagerField /> 标签定义分页数字链接。

到目前为止，已经讨论了 <asp:ListView> 标签的设计原理，同时示范了利用 DataPager 控件制作分页功能，用户可以更进一步调整 <asp:ListView> 标签来达到更多自定义的效果。除此之外，ListView 控件本身提供相当完整的设置功能，如果只是想快捷地建立网页功能，可以直接通过视觉接口的设计来完成所需的功能。

3．ListView 控件的数据编辑支持

ListView 控件另外支持数据的编辑功能操作，如新建、删除与修改等，都可以通过设置提供所需的对应的功能。下面建立另外一个 ListView 范例进行示范。

【范例 7-8】建立 UListView-Edit.aspx 网页。

（1）完成 ListView 控件与相关数据源的设置，打开"配置数据源"对话框，如图 7-52 所示。

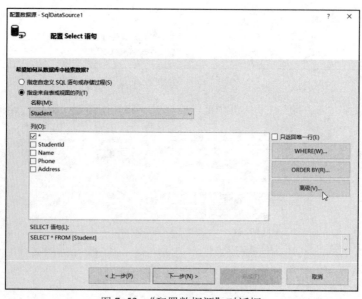

图 7-52 "配置数据源"对话框

（2）单击"下一步"按钮，打开"高级 SQL 生成选项"对话框，如图 7-53 所示。

图 7-53 "高级 SQL 生成选项"对话框

（3）在这个设置界面中，选取第一个选项，令其产生数据编辑所需的 SQL 语句，包含 INSERT、UPDATE 和 DELETE 等，单击"确定"按钮完成编辑功能的设置，并在接下来的界面中，进行 ListView 的视觉界面配置，如图 7-54 所示。

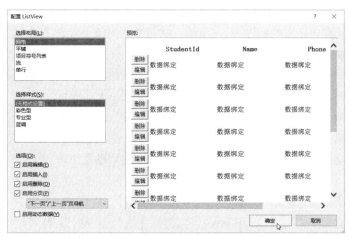

图 7-54 配置 ListView 界面

（4）在这"配置 ListView"界面中，勾选左下方的功能选项，为了方便查看结果，直接将其全部选中，单击"确定"按钮，回到原来的网页设计画面，如图 7-55 所示。

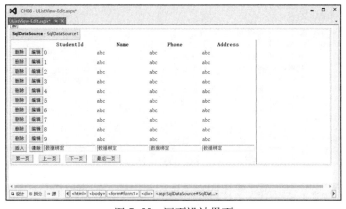

图 7-55 网页设计界面

（5）现在的设计界面中，已经出现了编辑功能，在浏览器查看运行结果，如图 7-56 所示。

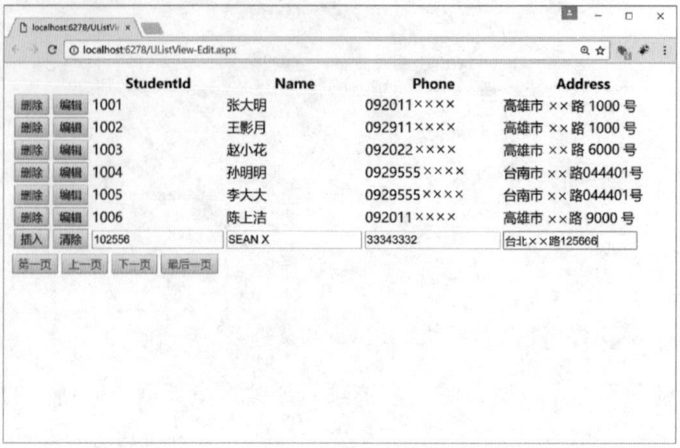

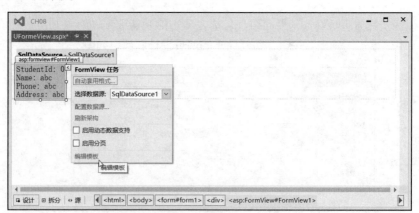

图 7-56　网页运行结果

一开始加载的页面，最下方可以输入新的资料，单击"插入"按钮即可完成数据更新操作，而其他每一个功能都在数据的最左方，"删除"按钮单击可以删除此笔数据，单击"编辑"按钮可以切换这些数据成编辑状态。

在实务开发中，通常会更进一步针对每笔数据提供独立的维护界面，以方便用户进行单笔数据的细节维护作业。FormView 控件支持相关的功能，下面进行介绍。

4．FormView

当用户需要建立模板，针对单笔数据进行查看或者编辑操作时，可以选择利用 FormView 控件支持相关的功能操作，除了对象是单一笔数据，其余设置原理相同，以下通过实际范例进行示范说明。

【范例 7-9】制作 UFormeView.aspx 网页。

（1）在网页配置测试用的 FormView 控件，并且完成数据源的设置，打开"FormView 任务"面板，如图 7-57 所示。

图 7-57　"FormView 任务"面板

（2）FormView 此时自动建立模板内容，选择其中的"编辑模板"命令，切换至模板编辑界面，如图 7-58 所示。

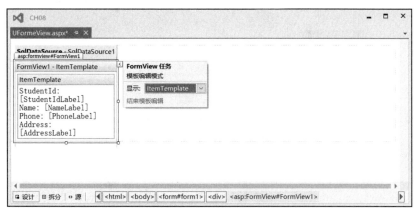

图 7-58 模板编辑界面

（3）默认是 ItemTemplate 模板，将下拉列表展开，可以看到所有可用的模板，如图 7-59 所示。

图 7-59 可用的模板

ItemTemplate 模板是默认显示的模板，其中同时配置了 EditItemTemplate 与 InsertItemTemplate，因此切换成这两个模板可以看到其配置内容。

EditItemTemplate 提供编辑功能，因此下方同时配置"更新"与"取消"链接，如图 7-60 所示；而 InsertItemTemplate 提供新建功能，因此下方配置的则是"插入"与"取消"链接，如图 7-61 所示。切换至其他的模板则不会有任何内容，如图 7-62 所示。

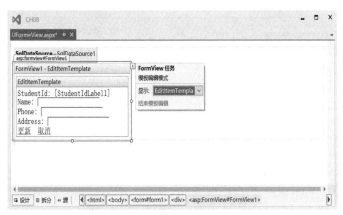

图 7-60 EditItemTemplate 模板

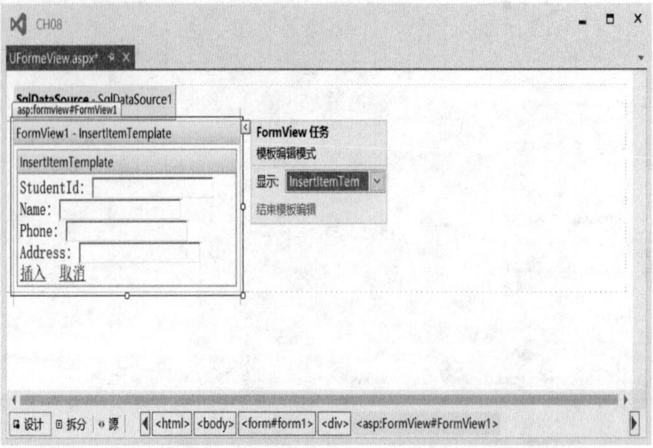

图 7-61　InsertItemTemplate 模板

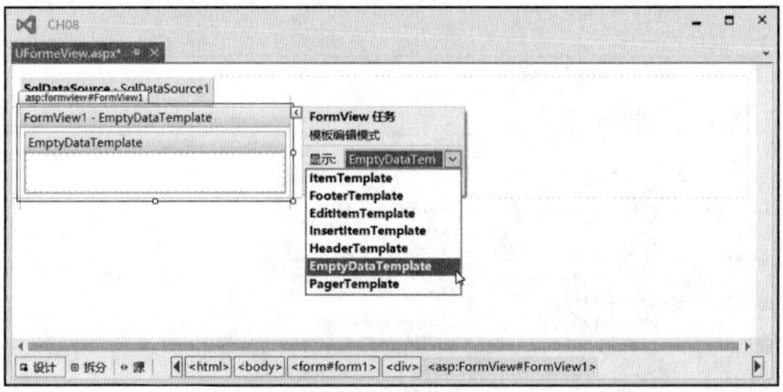

图 7-62　其他模板

图 8-60 应用的是 EmptyDataTemplate 模板，其中没有任何内容。现在运行网页，会看到其中显示了第一笔数据，如图 7-63 所示。

除此之外，读者可以发现，这个网页并没有其他额外的功能，现在回到编辑界面，首先选中"启用分页"复选框，如图 7-64 所示。

图 7-63　应用 EmptyDataTemplate
模板的结果

图 7-64　启用分页功能

此后，界面上就会出现分页链接功能，因此用户可以通过分页链接切换至不同的资料，然后就是启动编辑功能，回到 SqlDataSource 控件，重新设置数据源，如图 7-65 所示。

（4）在"设置 Select 语句"中，单击"新建"按钮，在打开的"高级 SQL 生成选项"设置对话框中，选中"生成 ISNERT、UPDATE 和 DELETE 语句"复选框，单击"确定"按钮完成设置操作，如图 7-66 所示。现在重设 FormView 的数据源。

图 7-65　重新设置数据源

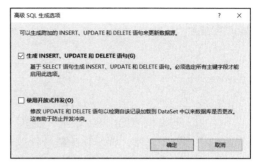

图 7-66　"高级 SQL 生成选项"对话框

（5）在如图 7-67 所示的"选择数据源"下拉列表框中，重新设置为 SqlDataSource1，完成设置后，会看到 ItemTemplate 模板出现编辑、删除与新建链接。重新运行网页，会出现如图 7-68 所示的结果。

图 7-67　重新设置为 SqlDataSource1

图 7-68　网页运行结果

最下方提供了浏览分页链接，由于 FormView 页面一次仅显示一笔数据，因此每单击一个页码就会呈现该笔数据。除此之外，还有三组编辑功能链接，单击"新建"链接，就会显示输入框为空的空白页面，提供输入新数据的功能，如图 7-69 所示。

在其中输入一笔新的数据，然后单击"插入"链接，就会将这笔新的数据插入数据库中，回到浏览页面，会发现分页码多了一笔，如图 7-70 所示。

图 7-69　编辑模式

单击最后一个页码，会显示新插入的数据。对于任何一笔显示的数据，单击"编辑"链接，都会切换至编辑模式。

(a) 编辑数据　　　　　　　　　　　　(b) 浏览页面

图 7-70　插入新数据

在其中输入想要调整的内容，单击"更新"链接即可完成更新操作。最后，回到上述界面，如果是单击"删除"链接，则会将此笔数据删除。

小　结

本章开始针对数据库功能进行讨论与实作示范，除了建立简单的数据库之外，最重要的是数据控件在网页上的应用，从而使读者具有建立运用数据控件的能力。

习　题

1. 以本章建立的数据库为例，配置 SqlDatasource 控件，并且通过控件，将数据内容以表格显示在界面上。

> 参考范例 7-1 的说明。

2. 请说明 Web.config 中如何配置连接信息，并且进行数据库连接程序。

> <connectionStrings> 标签属性 connectionString 记录了连接字符串，参考 7.2 节的说明讨论。

3. 请说明 DropDownList 控件中，取得数据源、显示数据与回传数据的属性为何。

> 请参考 7.3 节的说明。

4. 同上题，当完成 DropDownList 控件在网页上的配置时，以下的事件处理程序可以用来取得用户操作 List 控件过程选取的数据，请解释这段程序代码的意义。

```
protected void DropDownList1_SelectedIndexChanged(object sender, EventArgs e)
{
    string studentId=((DropDownList)sender).SelectedItem.Value;
    string name=((DropDownList)sender).SelectedItem.Text;
}
```

请参考 7.3 节的说明。

5.　简述 ListBox 与 DropDownList 控件的差异。

ListBox 以数据清单格式显示数据内容。
DropDownList 以下拉列表格式显示数据内容。

6.　请说明如何让 ListBox 支持多选。

设置 SelectionMode="Multiple"

7.　承上题，设置多选操作，为何必须处理 PostBack 的问题，并请说明如何设置。

多选必须让用户点选任意项目的数据，但是 AutoPostBack="True" 会导致翻页，所以必须取消 AutoPostBack="True" 设置。

8.　考虑以下的配置：

```
<asp:CheckBoxList ID="CheckBoxList1" runat="server"
DataSourceID="SqlDataSource1"
DataTextField="Name" DataValueField="StudentId">
</asp:CheckBoxList>
```

请编写程序代码，示范说明如何取得其中用户选取的值。

```
ListItemCollection collection=CheckBoxList1.Items;
foreach (ListItem item in collection)
{
if (item.Selected){}
}
```

9.　简述 AlternationItemTemplate 与 SeparatorTemplate 两种模板的用途。

请参考 7.4 节的说明。

10.　假设配置 ListView 控件如下，并且要配置分页功能，

```
<asp:ListView ID="ListView1" runat="server" DataSourceID="SqlDataSource1">
</asp:ListView>
```

请说明建立分页功能需要的控件，以及配置的设置方式。

请参考 7.5 节的说明。

11.　如果想要针对单笔数据提供编辑功能，可以配置 FormView，请说明提供查看、编辑功能的模板为何。

ItemTemplate、EditItemTemplate 与 InsertItemTemplate，请参考 7.5 节的相关说明。

第 8 章

数据控件——GridView

8.1 GridView 入门设置

前一章针对数据控件进行了入门讨论，其中介绍的控件足够用户制作简单的操作界面。如果想进一步提高功能，则需要利用本章将要介绍的控件——GridView。这一组控件可以让用户建立表格界面，并提供资料编辑与分页等功能，同时可以进一步搭配 DetailsView 控件，建立主要 / 明细网页界面。

首先看一下 GridView 控件呈现细节数据的界面，如图 8-1 所示。

图 8-1　GridView 呈现数据的界面

在网页上以表格形式呈现数据是最简单的应用，事实上 GridView 是 ASP.NET 最重要的数据控件，以下通过一个简单的范例，从 GridView 的基础用法开始，逐步讨论控件的各种应用与高级功能。

【范例 8-1】制作 UGridView.aspx 网页。

（1）在网页配置所需的 SqlDataSource 及 GridView 控件（见图 8-2），完成连接设置，确认在网页上呈现基本的表格内容。

（2）展开 GridView 任务面板，会看到其中提供了相关的功能设置选项，勾选相应的复选框即可将分页与排序启用。当然，也可以启用编辑功能，在"高级 SQL 生成选项"对话框中，选中"生成 INSET、UDPATE 和 DELETE 语句"复选框，如图 8-3 所示。

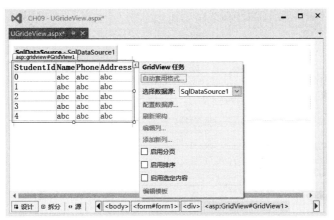

图 8-2　配置控件

图 8-3　启用编辑功能

（3）回到 GridView 任务面板，会看到其中出现编辑相关功能选项，勾选所有选项，则相关的功能在面板中逐一出现，如图 8-4 所示。

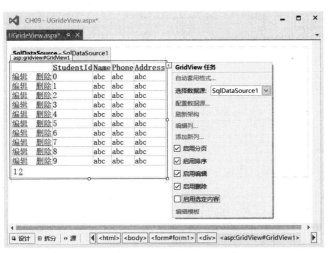

图 8-4　勾选功能选项

（4）此时已有一个具备完整功能的 GridView 控件，在浏览器查看网页，结果如图 8-5 所示。

	StudentId	Name	Phone	Address
编辑 删除	1001	张大明	92812××××	高雄市 ×× 路 1000 号
编辑 删除	1002	王影月	092911××××	高雄市 ×× 路 1000 号
编辑 删除	1003	赵小花	092022××××	高雄市 ×× 路 6000 号
编辑 删除	1004	孙明明	0929555××××	台南市 ×× 路044401号
编辑 删除	1005	李大大	0929555××××	台南市 ×× 路044401号
编辑 删除	1006	陈上洁	092011××××	高雄市 ×× 路 9000 号
编辑 删除	1007	Marry Wang	23232××××	高雄市 ×× 路100号
编辑 删除	1008	刘大人	225244××××	台北市 ×× 路100号
编辑 删除	1009	戴大大	212345××××	台中市 ×× 路12345号
编辑 删除	1010	陈大心	312345××××	台南市 ×× 路0001号
1 2				

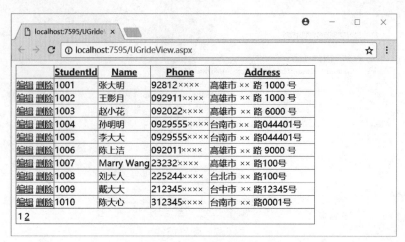

图 8-5　网页浏览效果

其中提供分页、排序、编辑与删除等多项必要的功能，可以在这个页面中，针对数据内容进行相关的操作。

- 排序：根据希望的排序方式，单击字段标题，即可重新以此字段为基准排序数据内容，例如单击 Name，得到如图 8-6 所示的输出结果。

	StudentId	Name	Phone	Address
编辑 删除	1007	Marry Wang	23232××××	高雄市 ×× 路100号
编辑 删除	1010	陈大心	312345××××	台南市 ×× 路0001号
编辑 删除	1006	陈上洁	092011××××	高雄市 ×× 路 9000 号
编辑 删除	1009	戴大大	212345××××	台中市 ×× 路12345号
编辑 删除	1005	李大大	0929555××××	台南市 ×× 路044401号
编辑 删除	1008	刘大人	225244××××	台北市 ×× 路100号
编辑 删除	1004	孙明明	0929555××××	台南市 ×× 路044401号
编辑 删除	1011	田小月	2121212××××	宜兰市 ×× 路2525号
编辑 删除	1002	王影月	092911××××	高雄市 ×× 路 1000 号
编辑 删除	1001	张大明	92812××××	高雄市 ×× 路 1000 号
1 2				

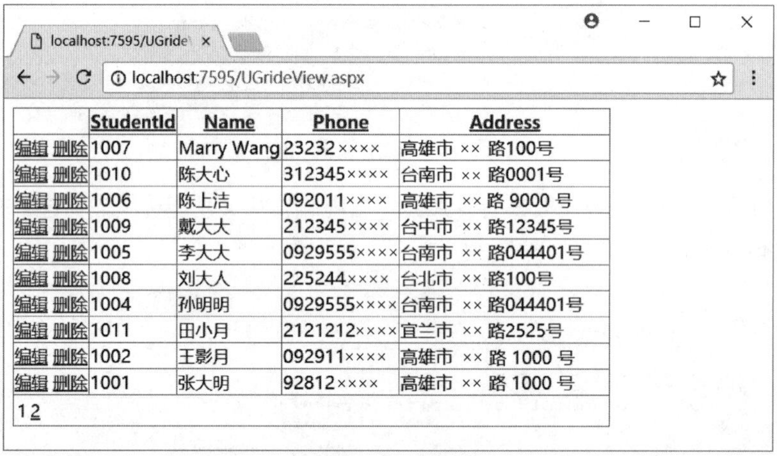

图 8-6　以字段排序

- 分页：当数据的数量太多时，界面上会出现分页码，只要单击任何一个页码就会显示这一页的数据内容。
- 编辑：针对想要修改的数据，单击最左边的“编辑”链接，会切换至编辑模式，如图 8-7 所示。

原来的“编辑”链接转换成“更新”链接，输入要修改的值，单击“更新”链接，就可以将这项数据更新。要注意的是 StudentId 这个字段，由于作为识别键值，因此并没有切换成编辑模式。

另外，原来的“删除”链接则切换成“取消”链接，如果不想做任何变更，只需点击此链接即可。

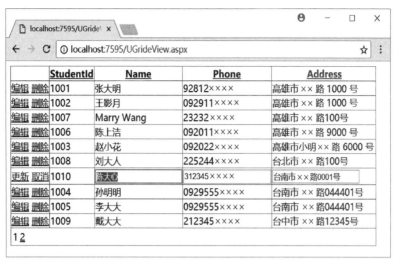

图 8-7　编辑模式

● 删除：单击"删除"链接，则能直接将此项数据删除。

至此，经过简单的设置，即能拥有一个具有完整功能的数据表格。除此之外，还可以通过更进一步的调整，提供更多高级功能。

8.2　GridView 模板设计

GridView 同样也提供丰富的模板功能，经过模板设置，可以很轻易地在操作数据表格的过程中，切换到预先设计好的板面，提供更实用的操作接口功能。

在默认的情形下，GridView 只提供了两种模板设置支持，选择"GridView 任务"中的"编辑模板"命令（见图 8-8），打开设置接口，将其中的"显示"下拉列表展开，会看到 EmptyDataTemplate 以及 PagerTemplate 等两组默认模板，如图 8-9 所示。EmptyDataTemplate 模板在没有任何数据的情形下出现，可以在其中配置说明内容，让用户了解目前是没有任何数据的状态，而 PagerTemplate 模板则呈现分页的内容。

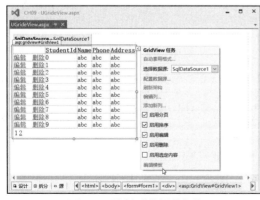

图 8-8　选择"编辑模板"

图 8-9　显示模板

现在建立一个范例，复制 UGridView 的 GridView 内容，示范模板的设置。

【范例 8-2】制作 UGridViewT.aspx 网页。

（1）打开 EmptyDataTemplate，按如图 8-10 所示进行设置。

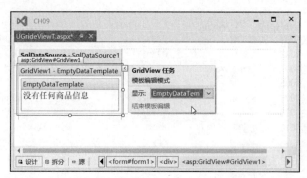

图 8-10　设置 EmptyDataTemplate

（2）在其中输入"没有任何商品信息"，此后当取出的内容没有任何数据时，会显示这里的信息。将网页切换至源文件模式，调整其中的 SelectCommand 指令，设置为 WHERE 1=0，此后将不会有任何数据被返回。

```
<asp:SqlDataSource ID="SqlDataSource1" runat="server"
ConnectionString="<%$ ConnectionStrings:ConnectionString %>"
DeleteCommand="DELETE FROM …"
nsertCommand="INSERT INTO …"
SelectCommand="SELECT * FROM [Student] WHERE 1=0"
UpdateCommand="UPDATE …>
    <DeleteParameters>
        <asp:Parameter Name="StudentId" Type="Int32" />
    </DeleteParameters>
    <InsertParameters>
        …
    </InsertParameters>
    <UpdateParameters>
        …
    </UpdateParameters>
</asp:SqlDataSource>
```

至于 GridView 控件标签的部分，可看到其中的内容如下：

```
<asp:GridView ID="GridView1" …>
    <Columns>
        <asp:CommandField ShowDeleteButton="True"ShowEditButton="True" />
        …
    </Columns>
    <EmptyDataTemplate>
        没有任何商品信息
    </EmptyDataTemplate>
</asp:GridView>
```

现在多了一个 EmptyDataTemplate 模板标签，配置了之前设置的类空白信息。现在重新运行网页，会出现如图 8-11 所示的结果。

图 8-11　设置 EmptyDataTemplate 后的结果

由于找不到任何数据，因此 GridView 切换至 EmptyDataTemplate 模板呈现，输出以上信息。

（3）调整 PagerTemplate，当在 GridView 任务面板面勾选"启用分页"复选框，如图 8-12 所示。

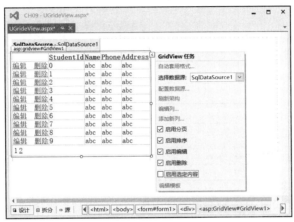

图 8-12　勾选"启用分页"

（4）GridView 会自动配置分页的功能，在"属性"窗口中，可以通过 PageSize 的设置，决定每一页所要呈现的笔数，默认是 10 笔，如图 8-13 所示。一旦超过这个笔数，就会自动产生分页码，读者可以自行修改这个值。

（5）如果想要调整默认的外观，可以在"属性"窗口展开 PageStyle，尝试修改其中的样式项目，（见图 8-14）此后就可建立自定义的分页区。

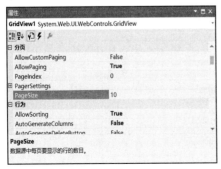

图 8-13　设置 PageSize 属性

图 8-14　设置 PageStyle 属性

（6）如果需进一步进行设计，可以调整 PagerTemplate。回到上述的 PagerTemplate 将其打开，在其中配置 4 个按钮，分别提供第一页、前一页、下一页及最后一页的浏览功能，如图 8-15 所示。

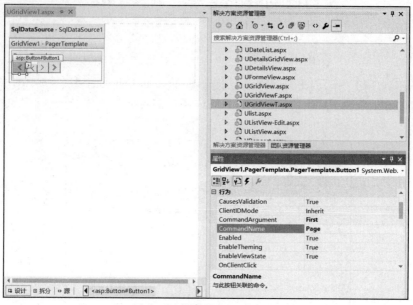

图 8-15 调整 PagerTemplate

（7）对每个按钮设置其对应的分页属性以支持分页操作，这里希望 4 个按钮分别达到其对应的跳页功能，首先将所有的按钮 CommandName 属性设置为 Page，表示支持分页功能，然后逐一将每个按钮的 CommandArgument 设置为对应的跳页的值，如表 8-1 所示。

表 8-1 设置按钮属性

显　示	CommandArgument	功　能
《	First	第一页
〈	Prev	前一页
〉	Next	下一页
》	Last	最后一页

（8）图 8-15 设置的是第一个按钮"《"，其 CommandArgument 设置为 First ，请读者依序完成其他按钮的设置。重新运行网页，结果如图 8-16 所示。

图 8-16 网页运行结果

这时，原来的分页码已经调整为按钮形式，每一个按钮的功能如同上述的说明，请读者自行尝试。现在切换至源文件模式，列举如下：

```
<asp:GridView ID="GridView1" runat="server" AllowPaging="True"
AllowSorting="True" AutoGenerateColumns="False" DataKeyNames="StudentId"
DataSourceID="SqlDataSource1" PageSize="6">
    <Columns>
        ...
    </Columns>
    <EmptyDataTemplate>
        无任何商品信息
    </EmptyDataTemplate>
    <PagerStyle Font-Bold="False" />
    <PagerTemplate>
        <asp:Button ID="Button1" runat="server"
CommandArgument="First" CommandName="Page" Text="《" />
        <asp:Button ID="Button2" runat="server"
CommandArgument="Prev" CommandName="Page" Text="〈" />
        <asp:Button ID="Button3" runat="server"
CommandArgument="Next" CommandName="Page" Text="〉" />
        <asp:Button ID="Button4" runat="server"
CommandArgument="Last" CommandName="Page" Text="》" />
    </PagerTemplate>
</asp:GridView>
```

相比未设置前的内容，现在多了 PagerTemplate 标签，其中的内容反映上述按钮的配置。

1. 编辑字段功能

GridView 允许用户进一步设置其他模板，并可以通过模板字段的转换进行调整。在打开 GridView 任务面板时，会看到其中的"编辑列"选项，如图 8-17 所示。

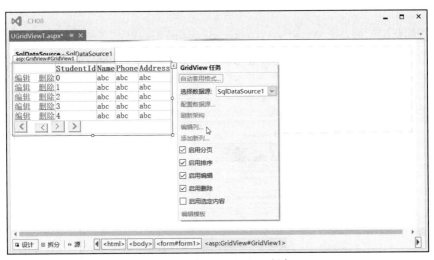

图 8-17　打开 GridView 任务

单击"编辑列"，打开"字段"对话框，如图 8-18 所示。

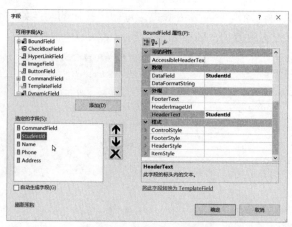

图 8-18 "字段"对话框

在左下方选取要编辑的字段，右边会显示此字段可供设置的属性，单击最下方的"将此字段转换为 TemplateField"，即可将其切换成支持模板编辑模式。紧接着重新将 GridView 切换至模板编辑模式，如图 8-19 所示。

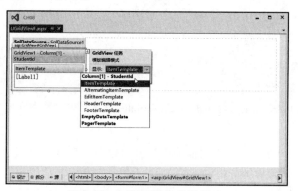

图 8-19 切换至模板编辑模式

在工作面板中，现在多了一组 Column[1]-StudentId 编辑项目，其下方列举了数个可用的模板项目，可以逐一点选任意一种模板进行编辑，或者单击 Column[1]-StudentId 打开所有模板进行编辑，如图 8-20 所示。

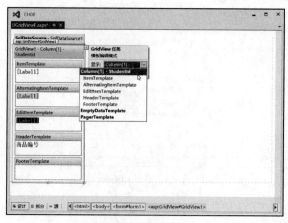

图 8-20 编辑模板

将其中的模板逐进行作调整，针对 AlternatingItemTemplate 与 EditItemTemplate 以及 HeaderTemplate 均进行了不同的设置，网页运行结果如图 8-21 所示。

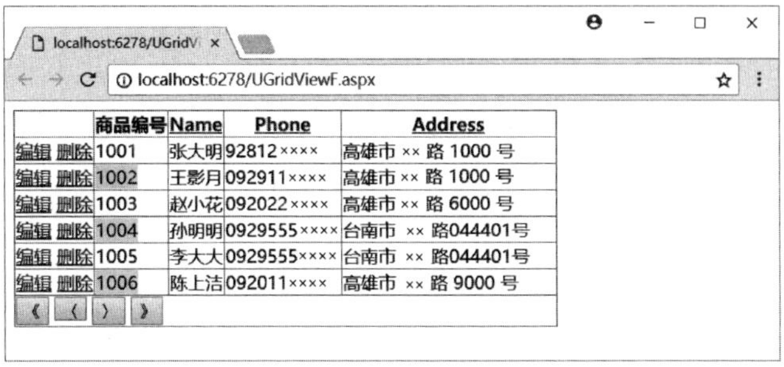

图 8-21　调整模板后的网页运行结果

首先是原来的 StudentId 字段标题，现在调整为 HeaderTemplate 的设置。AlternatingItemTemplate 与 ItemTemplate 分别作为数据呈现的模板交错出现，然后如果单击"编辑"链接，则会切换至 EditItemTemplate 模式，如图 8-22 所示。

图 8-22　切换至 EditItemTemplate 模式

其中，"商品编号"字段目前为编辑模式的一笔数据，商品编号字段为反白标示，这是上述在 EditItemTemplate 中设置的样式。

2．选取单笔数据

用户可以为 GridView 提供选取功能，只需要在工作面板中，选择"启用选定内容"选项即可，如图 8-23 所示。

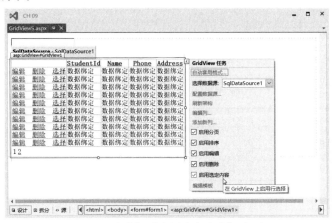

图 8-23　选择"启用选定内容"选项

现在每一项数据左边功能区域中，出现了“选择”项目，用户可以通过单击此选项来选取此项数据，这一部分的功能通常与其他的功能整合应用才能发挥效果。

【范例 8-3】制作 GridViewS.aspx 网页。

制作一个新的网页，在其中配置所需的 SqlDatasource 及 GridView，并且完成数据源的设置。另外，在网页中配置一个文本框，将网页切换至源文件模式，在其中设置 OnSelectedIndexChanged 事件：

```
<asp:GridView
     OnSelectedIndexChanged="GridView1_SelectedIndexChanged"
     ID="GridView1" runat="server"
     AllowPaging="True" AllowSorting="True"
     AutoGenerateColumns="False"
     DataKeyNames="StudentId" DataSourceID="SqlDataSource1">
      <Columns>
         …
     </Columns>
</asp:GridView>
```

每一次当用户选取任何一项数据时，这个事件就会被触发，因此运行其对应的 GridView1_SelectedIndexChanged() 方法。用户可以在这个方法中，进一步取得选取的数据内容，程序代码如下：

```
protected void GridView1_SelectedIndexChanged(object sender, EventArgs e)
{
     GridViewRow row=((GridView)sender).SelectedRow;
     ProductTextBox.Text=row.Cells[1].Text+"  "+row.Cells[2].Text;
}
```

SelectedRow 属性返回的 GridViewRow 表示用户选取的数据行，而每个数据行的组成字段由 Cells 表示，并且可以通过从 0 开始的索引值进行访问，因此取出其中第二个以及第三个域值合并成单一字符串输出。

当选取某一项数据时，这项数据的编号及名称将出现在界面的上方，如图 8-24 所示。

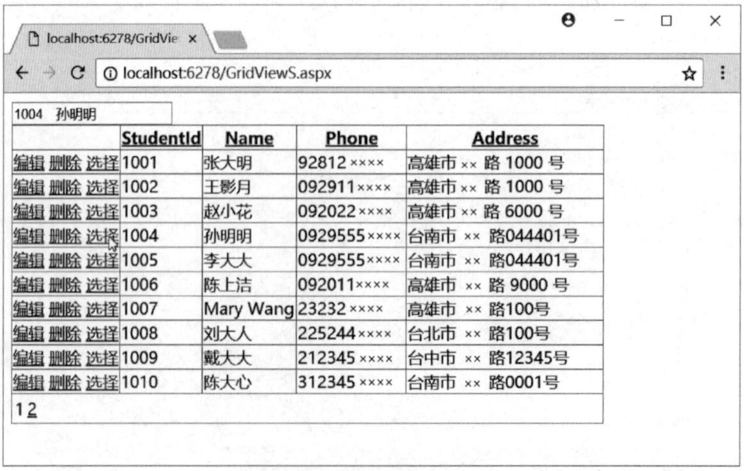

	StudentId	Name	Phone	Address
编辑 删除 选择	1001	张大明	92812 ××××	高雄市 ×× 路 1000 号
编辑 删除 选择	1002	王影月	092911××××	高雄市 ×× 路 1000 号
编辑 删除 选择	1003	赵小花	092022××××	高雄市 ×× 路 6000 号
编辑 删除 选择	1004	孙明明	0929555××××	台南市 ×× 路044401号
编辑 删除 选择	1005	李大大	0929555××××	台南市 ×× 路044401号
编辑 删除 选择	1006	陈上洁	092011××××	高雄市 ×× 路 9000 号
编辑 删除 选择	1007	Mary Wang	23232 ××××	高雄市 ×× 路100号
编辑 删除 选择	1008	刘大人	225244××××	台北市 ×× 路100号
编辑 删除 选择	1009	戴大大	212345 ××××	台中市 ×× 路12345号
编辑 删除 选择	1010	陈大心	312345 ××××	台南市 ×× 路0001号
1 2				

图 8-24　页面显示效果

8.3　使用 DetailsView 控件

DetailsView 控件类似 FormView，是专门针对单项数据进行显示，但是它并不如 FormView 能够完全灵活地自定义内容配置，因此经常被使用于单项数据的呈现。下面通过一个范例看一下简单的 DetailsView 设置，这一部分与前述的数据控件完全相同。

【范例 8-4】制作 UDetailsView 网页。

（1）在一个全新的网页中，除了完成必要的 SqlDataSource 设置，同时配置一个 DetailsView 控件，并且完成数据源设置，如图 8-25 所示。

图 8-25　配置 DetailsView 控件

（2）运行网页，结果如图 8-26 所示。

图 8-26　网页运行结果

此时，数据表中的第一项数据被取出，并以表格形式呈现在网页上，除了显示单项数据，其他的设置与前述的 GridView 均相同，而其功能相对单纯，现在进一步调整其内容。

（3）勾选"启用分页"复选框，即可在网页上提供分页功能，如图 8-27 所示。单击"编辑模板"选项，打开模板设置功能。

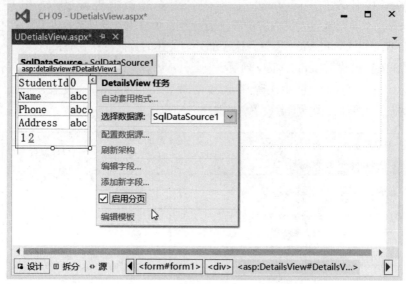

图 8-27 启用分页

其中提供数个可供设置的模板，可根据自己的需求进行设置，设置模板后的结果，如图 8-28 所示。

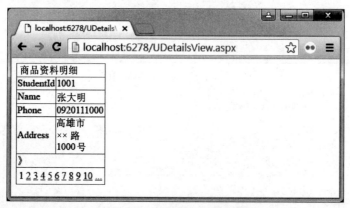

图 8-28　设置模板后的结果

DetailsView 常见于结合 GridView 控件，用作主要 / 明细呈现的数据操作接口，下面直接用一个范例进行说明。

【范例 8-5】制作 UDetailsGridView.aspx 网页。

（1）由于必须在网页中同时用上 GridView 与 DetailsView 控件，因此针对这两组控件，同时提供数据源设置所需的 SqlDataSource 控件，并且完成指定操作，如图 8-29 所示。

（2）其中的 GridView 控件的设置只选取"启用分页"与"启用选定内容"，如图 8-30 所示。

（3）用户可以选取 GridView 中的任意特定数据，然后将 GridView 的选取动作与 DetailsView 的数据源进行连接。打开 SqlDataSource2 控件的设置数据源，如图 8-31 所示。

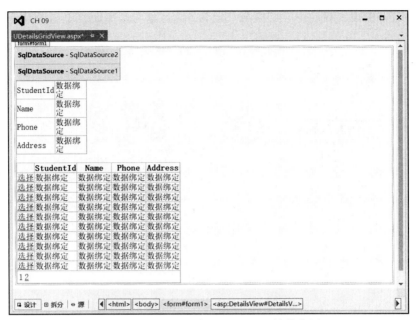

图 8-29 GridView 与 DetailsView 控件应用

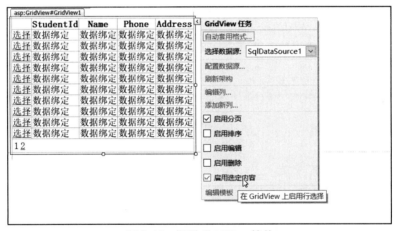

图 8-30 设置 GridView 控件

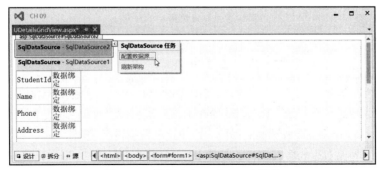

图 8-31 设置 SqlDataSource2 控件

（4）在打开的设置界面中，切换至"配置 Select 语句"界面，单击 WHERE 按钮，如图 8-32 所示。

图 8-32　配置 Select 语句

（5）在打开的"添加 WHERE 子句"设置界面（见图 8-33）设置相关参数，这里是将 GridView 的选取动作关联进来的关键。

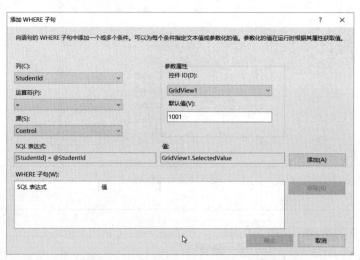

图 8-33　"添加 WHERE"子句对话框

从界面的左边开始，在"列"下拉列表中选取 StudentId，这是作为数据筛选的字段，运算符选择"="，最后一个"源"则选择 Control，表示这个数据源将以某个控件的选取数据为依据，找到 StudentId 等于选取数据的键值，取出这笔数据进行呈现。

接下来设置界面右边的参数属性，控件 ID 选取界面上配置的 GridView1 即可，然后将默认值设置为 1001，也就是第一笔数据。到目前为止，可以看到 SQL 语句中的 WEHER 条件设置，同时"值"的设置为 GridView1.SelectedValue，表示当用户选取任何一项 GridView 中的数据时，会取得此项数据。最后，单击"添加"按钮，将其加入至下方的 WHERE 子句中，完成后的界面如图 8-34 所示。

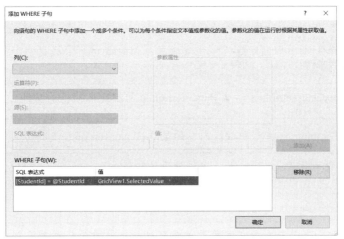

图 8-34 加入 WHERE 子句

上述的设置，已经完整地加入到界面最下方的 WHERE 子句区域中，表示设置完成。现在运行网页，可以看到其中同时呈现单项与多项数据。

图 8-35 所示为一开始加载网页时，DetailsView 显示的第一项数据，单击 GridView 中的任意数据，上方的 DetailsView 中就会呈现这项数据的内容，如图 8-36 所示。

图 8-35 显示数据（一）

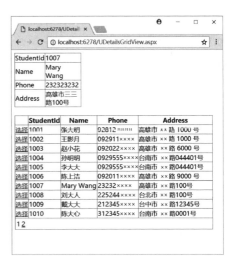

图 8-36 显示数据（二）

小 结

本章进一步讨论了 ASP.NET 最复杂的数据控件 GridView，通过这个控件可以建立更为强大的资料操作界面。同时由 DetailView 控件的辅助，作为主要 / 明细配置的数据操作界面，建立更符合实际运用的数据维护功能网页。

习 题

1. 请建立一个商品数据表，其中包含 Id、Name 与 Price 字段，为此数据表建立一个编辑网页，提供新增、删除与修改功能。

> 请参考 8.1 节内容。

2. 简述 EmptyDataTemplate 以及 PagerTemplate 两组默认模板的功能。

> EmptyDataTemplate 支持空白数据内容的呈现，PagerTemplate 支持分页功能的实际操作。

3. 承上题，请利用 PagerTemplate 实作分页的功能。

> 请参考 8.2 节内容。

4. 如果要针对 GridView 特定字段设计编辑功能，需要先针对原有的字段进行转换，请问必须转换成为何种字段？除此之外，还需做何设置？

> 必须转换成 TemplateField 字段，另外需设置 EditItemTemplate。

5. 简述 DetailsView 与 GridView 的功能差异。

> DetailsView 控件类似于 FormView，是专门针对单项数据进行显示，但是它并不如 FormView 能够完全弹性自定义内容配置，因此经常被使用于单项数据的呈现。
>
> GridView 则适合呈现表格型的数据。

第 9 章

ADO.NET

9.1 关于 ADO.NET

经过前两章的课程，读者对于数据库功能的建构已经具备了基础的概念，同时体验了相关功能的实际操作。本章将进一步讨论如何通过 ADO.NET 这一组 API，以程序化设计的方式，建立具体数据维护操作功能的网页。

ADO.NET 是一种用来访问数据库的应用程序编程接口，可以将其想象成 ASP.NET 网页与数据库之间的桥梁。ADO.NET 由许多类所构成，其架构图，如图 9-1 所示。

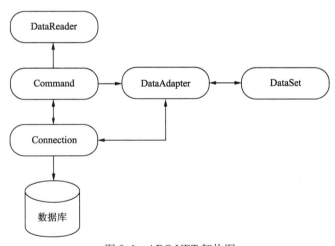

图 9-1　ADO.NET 架构图

其中的程序对象支持各种与数据库操作维护有关的功能，下面逐一进行说明。

（1）Connection 对象：此对象负责建立与数据库之间的连接。

（2）Command 类：用来运行 SQL 指令，新建、添加、修改、插入或删除数据，都需要通过此类提供所需的支持。

（3）DataReader 类：使用 Command 运行 SQL 中的 Select 指令后，会自动传回一个 DataReader 类型的结果，可以通过此类取得记录内容，但此类只能将记录以只读的方式逐笔读出。

（4）DataSet 类：可将此类看作是一个暂存的数据库，在这个类中可同时存在不同的数据表。而这些数据表都存在于 DataTable 对象中，如图 9-2 所示。

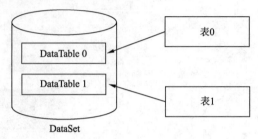

图 9-2　DataSet 类说明

其中，数据表 0、1 是位于数据库中的数据表，可以同时将这两个数据表加载到 DataSet 中的 DataTable，这也是为什么说它就像是一个暂存数据库的原因。

（5）DataAdapter 类：此类也可运行 SQL 指令，并将所得到的结果填入 DataTable 对象使用，也可以将它看作是 Connection 及 DataSet 之间的桥梁。

由于 DataSet 并不具有操作数据库的能力，所以 DataSet 必须依赖其他的数据库操作组件（例如 Command 或是 DataAdapter）提供数据给它，其中以 DataAdapter 与 DataSet 之间的关系最为密切。

以上是 ADO.NET 的各个重要类简介，关于这些类的详细使用方式，在之后章节中将进行详细介绍。

ADO.NET 为了连接各种不同类型的数据库，而有两种主要的名称空间可以使用，表 9-1 列出了这两种不同的名称空间。

表 9-1　两种不同的名称空间

名 称 空 间	说　　明
System.OleDb	连接 OLE DB 类型的数据库，例如微软的 Access 数据库
System.SqlClient	连接 SQL 类型的数据库，例如微软的 SQL 数据库

在这些名称空间下，则是由各种不同的类所构成，以下是这两个名称空间所拥有的类，如表 9-2 所示。

表 9-2　两个名称空间拥有的类

名 称 空 间	类	说　　明
System.Data.OleDb	OleDbconnection	与数据库建立表格
	OleDbCommand	运行各项的 SQL 指令
	OleDbDataAdapter	运行各项的 SQL 指令，并将结果填入 DataTable 对象
	OleDbDataReader	以只读方式将记录逐笔取出
System.Data.SqlClient	SqlConnection	与数据库建立表格
	SqlCommand	运行各项的 SQL 指令
	SqlDataAdapter	运行各项的 SQL 指令，并将结果填入 DataTable 对象
	SqlDataReader	以只读方式将记录逐笔取出

此外，DataSet 与 DataTable 这两个类，则是存在于 System.Data 这个名称空间之下，不论是要使用哪个名称空间下的类，都需要在程序的开头将其加载，加载名称空间的方式如下：

```
using System.Data.SqlClient;
```

值得注意的是，此语句一次只能加载一个名称空间。因此，若想连接 SqlClient 类型的数据库，并使用 DataSet 对象，就需要使用如下的编写方式：

```
using System.Data;
using System.Data.SqlClient;
```

将所需的名称空间汇入，如此才能使用相关的类来进行各种数据库的操作。

9.2 连接数据库

大致了解 ADO.NET 的架构及相关的名称空间之后，看一下如何使用这些类来连接并取得数据库内的内容。ADO.NET 支持各种主流的数据库，下面以 SQL Server 为例进行讨论。

要与数据库建立连接，首要条件就是要建立 Connection 对象，有两种方式可以完成相关操作，列举如下：

```
SqlConnection conn=new SqlConnection(connstring);
```

其中的 conn 是连接字符串，这一行程序代码根据 conn 字符串连接至指定的数据库。也可以尝试先建立空的 SqlConnection 对象，例如：

```
SqlConnection conn=new SqlConnection();
```

此种方式建立的 SqlConnection 对象，必须另外通过属性建立其连接信息，可用的属性成员如表 9-3 所示。

表 9-3　SqlConnection 可用的属性成员

属　　性	说　　明
DataSource	取得数据库的来源位置，此为只读属性
Database	取得目前打开的数据库名称，此为只读属性
ConntionTimeout	取得连接逾时时间，默认值是 15 s
State	取得目前连接的状态，若为打开连接，则传回 1，反之为 0
ConnectionString	取得或设置连接字符串，此属性是由上述各项的属性所构成

这些属性并不需要特别逐一设置，请注意最后一行的 ConnectionString，一般而言我们会将所需的属性值组成一段字符串，也就是上述第一种建立 SqlConnection 对象语法中输入的连接字符串，如果没有指定这个参数，则直接设置给 ConnectionString 属性即可，所需的程序代码如下：

```
conn.ConnectionString=connstring;
```

其中，connstring 为连接字符串，其中合并各属性的值，这个字符串上述当作参数输入 SqlConnection 建构式，现在则在属性中设置，效果相同。

用户不需要记忆这些属性成员，在需要时，根据所要连接的数据库取得对应的完整连接信息字符串完成设置即可，后续的范例会有实际的示范说明。除了属性，开发人员最重要的还要了解几个相关的方法，才能操作数据库连接，如表 9-4 所示。

表 9-4　相关的方法

方　　法	说　　明
Open()	打开与数据库之间的连接
Close()	关闭与数据库之间的连接
Dispose()	先调用 Close 方法来关闭与数据库之间的连接，接着释放所占据的系统资源

具备连接对象的基础概念之后，下面用一个范例进行实际的操作说明。

建立本章测试项目，于其中的 App_Data 文件夹中，配置测试用的数据库文件 AdoDb1.mdf，内容架构同前两章使用的数据库。

【范例 9-1】设置连接对象。

(1)在项目中建立一个新的 Web 窗体 UConncetion.aspx，配置之后呈现信息用的 Label 控件，如图 9-3 所示。

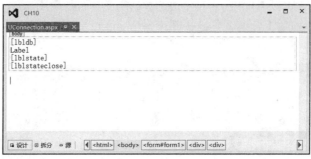

图 9-3　建立 Web 窗体

(2) 在后置程序代码文件输入以下内容：

UConnection.aspx.cs

```
using System;
using System.Data;
using System.Data.SqlClient;
namespace CH10
{
    public partial class UConnection : System.Web.UI.Page
    {
        protected void Page_Load(object sender, EventArgs e)
        {
            string connstring=
                @"Data Source=(LocalDB)\MSSQLLocalDB;
            AttachDbFilename=|DataDirectory|\AdoDb1.mdf;
            Integrated Security=True;Connect Timeout=30";
            SqlConnection conn=new SqlConnection();
            conn.ConnectionString=connstring;
            conn.Open();
            lbldsource.Text=" 数据源: "+conn.DataSource;
            lbldb.Text=" 数据库名称: "+conn.DataSource ;
            lblstate.Text=" 运行 Open 连接状态: "+conn.State.ToString();
```

```
                        conn.Close();
                        lblstateclose.Text="运行 Close 连接状态: "+conn.State.ToString();
                    }
                }
            }
```

这段程序代码在网页加载后运行，其中建立需要的连接字符串变量 connstring。

建立 SqlConnection 对象，将变量 connstring 设置为对象的连接属性值，此后，这个连接对象本身便保存或存储了数据库的连接信息。

运行 Open() 方法，根据连接字符串将对应的数据库连接打开。

接下来逐步取得属性值并且输出在界面上。

为了查看连接状态，因此引用 State 属性输出说明字符串，然后运行 Close，再引用一次 State，读者可以比较连接打开与关闭前后的差异，如图 9-4 所示。

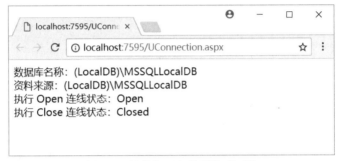

图 9-4　连接打开与关闭前后对比

从输出结果可以看到连接对象的初步运用，要特别注意其中连接状态，当连接关闭之后，也就是连接状态是 Closed 时，就无法再运行任何与数据库操作相关的程序代码。

9.3　建立 Command 对象

打开了与数据库间的连接后，可以选择使用 DataAdapter 或者 Command 对象来访问数据库的内容，与数据库进行互动。Command 对象的使用语法如下：

```
SqlCommand cmd=new SqlCommand(sql,conn);
```

其中，第一个参数 sql 是要运行的 SQL 语句，第二个参数则是包含连接信息的连接对象，同样，也可以建立一个未包含任何信息的空 SqlCommand 对象，例如以下这一行：

```
SqlCommand cmd=new SqlCommand();
```

若使用第一种方式来建立对象，就需要自行设置相关的属性成员以达到相同的效果，属性列表如表 9-5 所示。

表 9-5　SqlCommand 的属性

属　　性	说　　明
CommandText	取得或设置要运行的 SQL 指令
CommandType	取得或设置命令的种类
Connection	取得或设置 Command 对象所要链接的 Connection 对象为何
CommandTimeout	取得或设置指令等待运行的逾时时间，默认值是 30 s

另外，列举 SqlCommand 的方法，运行相关的方法才能完成数据库的互动操作，如表 9-6 所示。

表 9-6 SqlCommand 方法及说明

方 法	说 明
ExecuteReader()	运行 CommandText 所指定的 SQL 指令，会传回 OleDbDataReader 类型的结果
ExecuteNonQuery()	计算运行非查询指令后，所影响的记录笔数
ResetCommandTimeout()	重设 CommandTimeout 属性的值
Cancel()	结束运行 SQL 指令
Dispose()	关闭 OleDbCommand 对象，并释放所占据的系统资源

以下进一步说明其中的成员。

（1）CommandType 属性：用来设置所要运行的命令种类，它有 3 种属性值可以设置，如表 9-7 所示。

表 9-7 CommandType 属性值

属 性 值	说 明
CommandType.Text	要运行的 SQL 语句，此为默认值
CommandType.TableDirect	数据表的名称
CommandType.StoredProcedure	数据库中的预存程序

（2）ExecuteNonQuery() 方法：最主要的功能是用来运行 Select 以外的 SQL 指令，它并不会传回任何记录，而是传回被影响的记录笔数。若运行 Update、Insert 及 Delete 以外的指令，则传回值一律为 -1。

（3）ExecuteReader() 方法：用来运行 CommandText 所指定的指令，并会传回一个 DataReader 类型的结果。因此，通常会定义一个 DataReader 对象用来接收运行完此方法后的结果。例如：

```
SqlDataReader reader=cmd.ExecuteReader();
```

其中，cmd 是已经建立的 SqlCommand 对象，此行程序将返回 SqlDataReader 对象。

（4）ExecuteReader（CommandBehavior）方法：这是 ExecuteReader 的另一种使用方式，它除了运行 CommandText 所指定的指令外，还会依据 CommandBehavior 的值来建立 DataReader。它可使用的值如表 9-8 所示。

表 9-8 ExecuteReader() 方法可使用的值

CommandBehavior 属性值	说 明
CommandBehavior.CloseConnection	当运行完指令后，若将 DataReader 对象关闭，则与此 Command 相关的 Connection 对象也会一并被关闭

下面利用一个范例来示范 Command 对象的用法。

【范例 9-2】运用指令对象。

（1）建立新的 Web 窗体 UCommand.aspx，配置内容如图 9-5 所示。

这个界面提供用户修改指定学生的电话数据功能，其中的"编号"文本框让用户输入想要修改的学生编号，而"电话"文本框则让用户输入新的电话号码。

图 9-5　建立新的 Web 窗体

"修改"按钮则提供更新数据的功能，当用户单击之后运行更新的 SQL 操作，右方的 Label 控件则显示更新的相关信息。

(2) 根据用户的输入建立更新数据所需的 SQL 语句，并且建立一个变量 cmdString 保存或存储此字符串，然后打开连接，建立 SqlCommand 对象，运行 ExecuteNonQuery() 方法，完成数据库的更新操作。

UCommand.cs

```csharp
using System;
using System.Data.SqlClient;
namespace CH10
{
    public partial class UCommand : System.Web.UI.Page
    {
        protected void Page_Load(object sender, EventArgs e)
        {
            ...
        }
        protected void btnedit_Click(object sender, EventArgs e)
        {
            string id=txtId.Text;
            string phone=txtPhone.Text;
            string cmdString="UPDATE Student SET
                Phone="+phone+" WHERE StudentId ="+id  ;

            String connstring=@"Data Source=(LocalDB)\MSSQLLocalDB;
            AttachDbFilename=|DataDirectory|\AdoDb1.mdf;
            Integrated Security=True;Connect Timeout=30";
            SqlConnection conn=new SqlConnection();
            conn.ConnectionString=connstring;
            conn.Open();
            SqlCommand cmd=new SqlCommand();
            cmd.Connection=conn;
            cmd.CommandText=cmdString;
            int i=cmd.ExecuteNonQuery();

            lblmessage.Text=" 电话更新完成，影响数据笔数: "+i;
            conn.Close();
        }
    }
}
```

由于 ExecuteNonQuery() 方法会返回被影响的数据项数，因此变量 i 可以取得此次 SQL 运行完成后影响的项数。

（3）在运行结果中，输入学生编号以及电话号码，单击"修改"按钮，完成更新操作，并且显示更新的笔数，如图 9-6 所示。

图 9-6　更新数据

以上是 Command 对象的使用方式，接着将介绍如何通过 DataReader 来取得数据库中的记录。

9.4　建立 DataReader 对象

上一节中曾经提到，当 Command 对象运行 ExecuteReader() 方法后，会传回一个 DataReader 类型的值，通过 DataReader 对象，便能顺利地将记录显示出来，以下是建立此对象的方式：

```
Dim objName As New OledbDataReader=objCommand.ExecuteReader()
Dim objName As New OledbDataReader
ObjName=objCommand.ExecuteReader()
```

DataReader 对象的属性如表 9-9 所示。

表 9-9　DataReader 对象的属性

属　　性	说　　明
FieldCount	取得记录的字段数量
IsClosed	判断 OleDbDataReader 对象是否已关闭，传回值为 True 或 False
Item	取得指定字段的内容
RecordAffected	取得运行非查询语句后，所影响的记录笔数

其中的 Item 属性有两种使用方式，下面分别进行说明：

（1）Item(i)：以字段索引值的方式来取得记录内容，例如 Item(0) 将会取出数据表中第一个字段的值，在上述的范例是 StudentId。

（2）Item（name）：除了可使用索引值来取得字段内容外，也可以直接在 Item 属性中指定要读取的域名，例如 Item（"StudentId"）与 Item(0) 效果相同。

看过了属性说明后，接着看一下提供了哪些方法供用户使用，如表 9-10 所示。

表 9-10 DataReader 提供的方法

方　　法	说　　明
Read()	读取下一笔记录的内容，传回值为布尔类型，若有下一笔记录存在，则传回值为 True
GetName()	取得字段的名称
GetValue()	以字段标注目标方式取得数据内容
GetValues()	取得当前记录的所有字段内容，传回值为整数
IsDbNull()	判断所指定的字段内容是否有数据存在，若没有数据存在，则结果为 True
GetOrdinal()	取得所指定的字段顺序
GetFieldType()	取得字段的数据类型
Close()	关闭 OleDataReader 对象

下面分别说明这些方法的使用方式。

（1）Read() 方法：Command 对象在运行完 ExecuteReader 后，会传回一个 DataReader 类型的对象，然而此时的 DataReader 并没有任何记录存在，因此需要调用 Read() 方法读取一笔记录到 DataReader 对象中，若读取成功，则传回 true，反之则传回 false，如此便可使用循环的方式来取得记录内容。

（2）GetName() 方法：此方法是以索引值的方式来取得所指定的域名，例如 GetName(2) 会取得第 3 个字段的名称。

（3）GetValue() 方法：以字段索引值的方式来取得字段内容，使用方式与 Item 十分相似。差别在于 GetValue 只能使用字段索引值，而 Item 则除了字段索引值之外，还能使用域名的方式来读取内容。

（4）GetValues() 方法：用来一次取得当前记录的所有内容，而这些内容实际上是存放在数组当中，因此在使用这个方法时，需要输入一个数组供其存放所取得的数据。

除了上述的几个方法外，DataReader 类还有一些与读取记录有关的方法，如表 9-11 所示。

表 9-11 与读取记录有关的方法

方　　法	说　　明
GetBoolean()	以布尔值的类型取得指定字段的数据，且该字段必须为布尔类型，否则会有错误产生
GetByte()	以位的类型取得指定字段的数据，且该字段必须以为位类型，否则会有错误产生
GetChar()	以字符的类型取得指定字段的数据，且该字段必须为字符类型，否则会有错误产生
GetDateTime()	以时间日期的类型取得指定字段的数据，且该字段必须为时间日期类型，否则会有错误产生
GetDecimal()	以数值的类型取得指定字段的数据，且该字段必须为数值类型，否则会有错误产生
GetDouble()	以双精度的类型取得指定字段的数据，且该字段必须为双精度类型，否则会有错误产生
GetFloat()	以浮点数的类型取得指定字段的数据，且该字段必须为浮点数类型，否则会有错误产生
GetString()	以字符串的类型取得指定字段的数据，且该字段必须为字符串类型，否则会有错误产生

接着来看一个范例，示范如何利用 DataReader 读取数据内容。

【范例 9-3】用 DataReader 读取数据内容。

（1）建立新的 Web 窗体文件，并且在其后置程序代码建立以下内容：

UDataReader.aspx

```
using System;
```

```
using System.Data.SqlClient;
namespace CH10
{
    public partial class UDataReader:System.Web.UI.Page
    {
        protected void Page_Load(object sender, EventArgs e)
        {
            string connstring=
                @"Data Source=(LocalDB)\MSSQLLocalDB;
                AttachDbFilename=|DataDirectory|\AdoDb1.mdf;
                Integrated Security=True;Connect Timeout=30";
            SqlConnection conn=new SqlConnection();
            conn.ConnectionString=connstring;
            string cmdString="SELECT*FROM Student";
            SqlCommand cmd=new SqlCommand();
            cmd.Connection=conn;
            cmd.CommandText=cmdString;
            conn.Open();
            SqlDataReader reader=cmd.ExecuteReader();
            int fcount=reader.FieldCount;
            bool b=reader.Read();
            for (int i=0; i<fcount; i++)
            {
                Response.Write("<p>"+reader.GetValue(i).ToString()+"</p>");
            }
            conn.Close();
        }
    }
}
```

这个范例建立 SELECT 语句以取得所有的 Student 数据，然后运行 ExecuteReader() 方法取得 SqlDataReader 对象。

（2）根据 FieldCount 属性取得返回的数据字段数，利用一个循环，逐一运行 GetValue() 方法，将第一项数据的值取出，如图 9-7 所示。

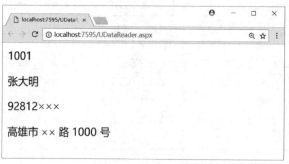

图 9-7　取出数值

用户可以从运行结果中看到第一项资料，这是最简单的数据读取示范。由于每一次运行 Read() 方法，记录就会往下移动一项，直到没有任何数据，返回 flase 为止。用户可以进一步利用这个特性，取得全部的数据内容。

```
while (reader.Read())
```

```
{
for (int i=0; i<fcount; i++)
    {
        Response.Write(reader.GetValue(i).ToString()+"    ");
    }
    Response.Write("<hr>");
}
```

while 循环根据 Read() 方法逐一读取资料，并判断是否已经到达最后一项数据。while 在每一次读取的过程中，利用 for 循环，将每一项数据的字段内容取出，最后输出分隔线以区隔每项数据，如图 9-8 所示。

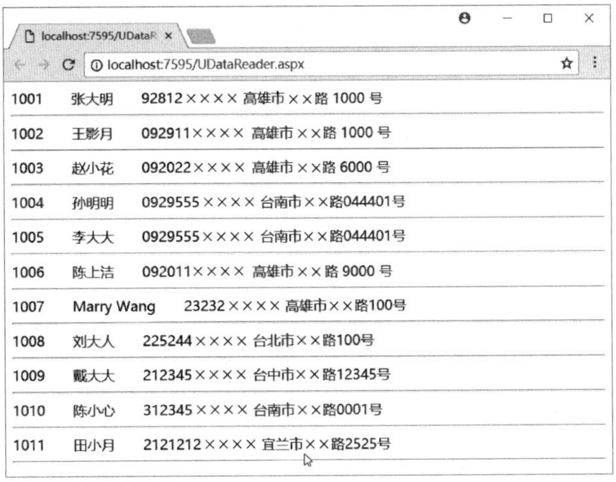

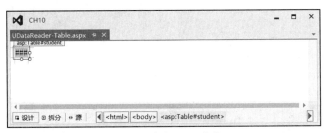

图 9-8 读取每次数据

运行结果中可以看到，修改后的程序代码成功地取回所有的 Student 数据内容。

这个范例仅是单纯地输出数据内容，用户可以进一步结合控件，制作 HTML 网页，以下通过另外一个范例进行讨论。

【范例 9-4】Table 控件数据输出。

（1）建立一个新的 Web 窗体 UDataReader-Table.aspx，并且在其中配置一个 Table 控件，并将其 ID 属性设置为 student，如图 9-9 所示。

图 9-9 建立 Web 窗体

（2）在后置程序代码中，取得数据内容，并且动态建立 Table 控件组成内容。

```
using System;
using System.Data.SqlClient;
```

```
using System.Drawing;
namespace CH10
{
    public partial class UDataReader_Table : System.Web.UI.Page
    {
        protected void Page_Load(object sender, EventArgs e)
        {
            string connstring=@"…";
            SqlConnection conn=new SqlConnection();
            conn.ConnectionString=connstring;

            string cmdString="SELECT*FROM Student";
            SqlCommand cmd=new SqlCommand();
            cmd.Connection=conn;
            cmd.CommandText=cmdString;
            conn.Open();
            SqlDataReader reader=cmd.ExecuteReader();
            int fcount=reader.FieldCount;
            TableHeaderRow headerRow=new TableHeaderRow();
            headerRow.BackColor=Color.LightBlue;
            for (int i=0; i<fcount; i++)
            {
                TableHeaderCell cell=new TableHeaderCell();
                cell.Text=reader.GetName(i).ToString();
                headerRow.Cells.Add(cell);
            }
            student.Rows.Add(headerRow);
            while (reader.Read())
            {
                TableRow row=new TableRow();
                for (int i=0; i<fcount; i++)
                {
                    TableCell cell=new TableCell();
                    cell.Text=reader.GetValue(i).ToString();
                    row.Cells.Add(cell);
                }
                student.Rows.Add(row);
            }
            conn.Close();
        }
    }
}
```

同样，首先取得 SqlDataReader 对象，并且逐一取出其内容。

TableHeaderRow 用来建立表格的标题，将其背景设为深色背景。由于标题只有一列，因此利用 for 循环取得域名作为标题 TableHeaderCell 的文字，再将其加入 TableHeaderRow 完成标题的建立，最后通过 student.Rows.Add(headerRow) 将其加入表格中。

接下来的 while 循环运行相同的逻辑，只是这一次是数据主体内容，因此必须建立 TableRow 对象，而每一栏的内容则是 TableCell，将取得的每一笔数据字段设置为其 Text，加入 TableRow，最后再加入 Table 控件。

从运行结果中可以看到，这一次数据被嵌入数据表格中，如图 9-10 所示。

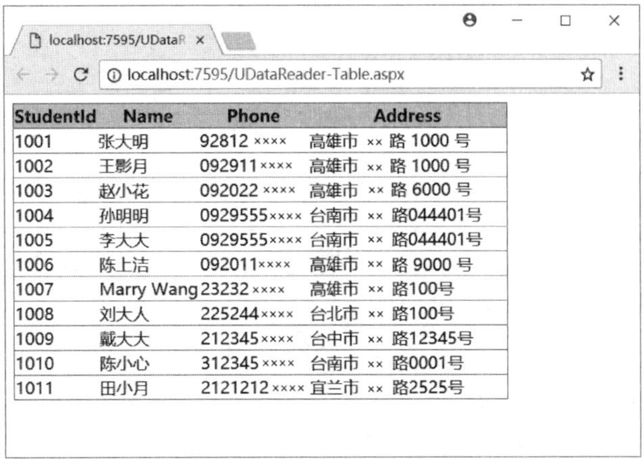

StudentId	Name	Phone	Address
1001	张大明	92812 ××××	高雄市 ×× 路 1000 号
1002	王影月	092911××××	高雄市 ×× 路 1000 号
1003	赵小花	092022 ××××	高雄市 ×× 路 6000 号
1004	孙明明	0929555××××	台南市 ×× 路044401号
1005	李大大	0929555××××	台南市 ×× 路044401号
1006	陈上洁	092011××××	高雄市 ×× 路 9000 号
1007	Marry Wang	23232 ××××	高雄市 ×× 路100号
1008	刘大人	225244××××	台北市 ×× 路100号
1009	戴大大	212345××××	台中市 ×× 路12345号
1010	陈小心	312345 ××××	台南市 ×× 路0001号
1011	田小月	2121212 ××××	宜兰市 ×× 路2525号

图 9-10　数据嵌入数据表格

以上是 Connection、Command 及 DataReader 这 3 个类的使用方式，虽然 DataReader 看起来很方便，但是只能读取下一项记录的内容，而无法读取上一项记录的内容。

9.5 建立 DataSet

DataSet 封装 SQL 语句取得的资料内容，与上述提及的 Connection、Command 与 DataReader 不同的是，DataSet 是脱机对象，它不会因为连接的数据库不同而有任何差异。当数据保存或存储到 DataSet 对象之后，就与数据库没有任何关联，因此可以关闭数据库连接，以避免资源浪费。

DataSet 需要通过另外一个 DataAdapter 对象以支持数据的读取，以下为所需的代码段：

```
DataSet ds=new DataSet();
SqlDataAdapter adapter=new SqlDataAdapter();
```

分别建立 DataSet 与 SqlDataAdapter 对象，取得数据的过程是由 SqlDataAdapter 对象运行，并且由 Command 对象进行实际的读取，因此必须建立所需的 Command 对象，并且将其设置给 SqlDataAdapter 对象，而 SqlDataAdapter 对象会将 Command 对象取得的数据，封装至 DataSet 对象。例如：

```
adapter.Fill(ds);
```

这一行程序代码运行 DataAdapter 对象的 Fill() 方法，并将事先建立的 DataSet 对象 ds 当作参数输入，运行完毕之后，ds 就会包含所有的 Command 对象取得的数据内容。

要特别注意，在此之前必须将 Command 对象赋值给 DataAdapter 对象：

```
adapter.SelectCommand=cmd;
```

其中的 cmd 为所要运行的 Command 对象。

了解相关的原理，最后还必须说明 DataSet 对象，数据本身依其源数据表结构进行封装，因此 DataSet 对象封装的数据是以 DataTable 对象为单位，必须先取出其中的 DataTable 之后，才能进一步取得资料内容。

如图 9-11 所示，一个 DataSet 对象可以同时封装多组 DataTable 对象，而每一个 DataTable 则包含数个 DataRow 对象，每一个 DataRow 对象就如同数据表中的一项数据。由于本书定位于入门学习，因此实际的范例，仅针对单一数据表进行讨论。

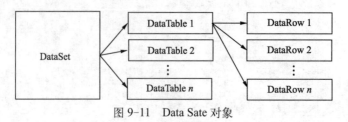

图 9-11　Data Sate 对象

最后，当要取出特定数据时，只需通过索引值进行访问即可，例如 ds.Tables[0].Rows 可以取出第一个 Table 中的所有 DataRow。

DataRow 表示一项数据，如果要进一步取出每一步资料的对应数据域，有不同的方式可以做到，可以直接引用 row.ItemArray，其返回包含此项数据的所有字段内容，只要再将数组元素取出即可。

【范例 9-5】示范 DataTable 数据访问。

（1）建立一个新的 Web 窗体 UDataSet.aspx，在后置程序代码配置以下的内容：

```
using System;
using System.Data;
using System.Data.SqlClient;
namespace CH10
{
    public partial class UDataSet:System.Web.UI.Page
    {
        protected void Page_Load(object sender, EventArgs e)
        {
            string connstring="…";
            SqlConnection conn=new SqlConnection();
            conn.ConnectionString=connstring;
            string cmdString="SELECT*FROM Student";
            SqlCommand cmd=new SqlCommand();
            cmd.Connection=conn;
            cmd.CommandText=cmdString;
            DataSet ds=new DataSet();
            SqlDataAdapter adapter=new SqlDataAdapter();
            adapter.SelectCommand=cmd;
            adapter.Fill(ds);
            conn.Close();
            foreach (DataRow row in ds.Tables[0].Rows){
                foreach (object f in row.ItemArray){
                    Response.Write(f.ToString()+"  ");
                    Response.Write("<hr/>");
                }
            }
        }
    }
}
```

首先必须引用 System.Data 命名空间，DataSet 是位于这个命名空间的类，它与数据库无关，只负责数据的管理。

（2）建立需要的 DataSet 对象，并且利用 SqlDataAdapter 运行 Fill() 方法，将 SqlCommand 的 SQL 语句取得的所有 Student 数据表内容取回，全部封装在 DataSet 对象中。

（3）利用一个 foreach 循环，逐一取出所有的 DataRow 对象，并且利用嵌套循环，将其中 row.ItemArray 返回的数组对象内容取出，输出在网页上，如图 9-12 所示。

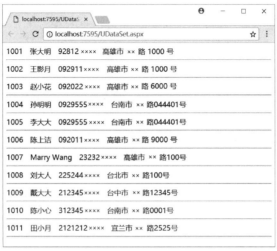

图 9-12　输出对象内容

除了 DataRow，也可以取得字段数据，所需的程序代码如下：

```
ds.Tables[0].Columns
```

这一行程序代码可以取出所有的数据字段集合，每一个字段是一个 DataColumn 对象，因此可以利用 foreach 循环将所有的字段信息取出。

```
foreach(DataColumn column in ds.Tables[0].Columns)
{
    ...
}
```

当取得 DataColumn 对象时，可以进一步访问字段的信息，主要包含字段类型与域名等，例如以下的程序代码：

```
string type=column.DataType.Name;
string name=column.ColumnName;
```

第一行取得字段的类型名称，第二行则取得域名。

现在回到 DataRow，由于每一个 DataRow 对象表示一项数据，因此也可以通过索引或者域名，甚至以 DataColumn 对象为参数进行数据访问。

【范例 9-6】DataColumn 与数据访问示范。

（1）在新建立的 Web 窗体 UDataSetColumn.aspx 中，打开后置程序代码，输入以下内容：

```
using System;
using System.Data;
using System.Data.SqlClient;
namespace CH10
{
```

```
public partial class UDataSetColumn : System.Web.UI.Page
{
    protected void Page_Load(object sender, EventArgs e)
    {
        string connstring="…";
        SqlConnection conn=new SqlConnection();
        conn.ConnectionString=connstring;
        string cmdString="SELECT*FROM Student";
        SqlCommand cmd=new SqlCommand();
        cmd.Connection=conn;
        cmd.CommandText=cmdString;
        DataSet ds=new DataSet();
        SqlDataAdapter adapter=new SqlDataAdapter();
        adapter.SelectCommand=cmd;
        adapter.Fill(ds);
        conn.Close();
        foreach(DataColumn column in ds.Tables[0].Columns)
        {
            string type=column.DataType.Name ;
            string name=column.ColumnName;
            DataRow row=ds.Tables[0].Rows[0];
            string cvalue=row[column].ToString();
            Response.Write(
                "字段名称: "+name+"  "+
                "字段类型: "+type+"  "+
                "字段值: "+cvalue+"<br/>");
        }
    }
}
```

其中的程序代码取得 DataColumn 之后，逐一引用属性。引用 DataType.Name 返回字段类型名称，引用 ColumnName 则返回域名。

（2）将 DataColumn 对象 column 当作参数输入 DataRow 对象当作索引对象，可以取得此项数据的对应字段数据，如图 9-13 所示。

图 9-13　取得对应字段数据

在输出结果网页中，看到上述程序代码成功取出第一项数据的字段数据以及域值。读者可以根据上述说明，自己编写循环，将所有的数据取出。

9.6 整合数据控件

当取得 DataSet 对象之后，如同前面提到的范例那样，只需逐一取出其中的内容即可，而在实际的开发应用中，通常会由数据控件来快捷建立需要的网页内容，而数据控件同样支持 DataSet 作为其数据源，只是必须进一步利用程序代码进行设置。

以下这段程序代码：

```
gridview.DataSource=ds;
gridview.DataBind();
```

其中的 ds 是一个 DataSet 对象，首先将其设置给数据控件的 DataSource 属性，然后运行 DataBind() 方法，完成数据连接即可。

【范例 9-7】示范数据控件与 ADO.NET 的程序化连接设置。

（1）在新建立的 Web 窗体中，配置一个 GridView 控件，将其 ID 设置为 student，如图 9-14 所示。

图 9-14 配置 GridView 控件

（2）在工作面板中，单击"自动套用格式"，打开设置功能，选择想要呈现的样式，如图 9-15 所示。

图 9-15 选择要呈现的样式

（3）完成格式的设置，切换至后置程序代码文件，在其中输入以下内容：

```
using System;
using System.Data;
using System.Data.SqlClient;
```

```
namespace CH10
{
    public partial class UDataControl:System.Web.UI.Page
    {
        protected void Page_Load(object sender, EventArgs e)
        {
            string connstring="…0";
            SqlConnection conn=new SqlConnection();
            conn.ConnectionString=connstring;

            string cmdString="SELECT*FROM Student";
            SqlCommand cmd=new SqlCommand();
            cmd.Connection=conn;
            cmd.CommandText=cmdString;
            DataSet ds=new DataSet();
            SqlDataAdapter adapter=new SqlDataAdapter();
            adapter.SelectCommand=cmd;
            adapter.Fill(ds);
            conn.Close();

            student.DataSource=ds;
            student.DataBind();
        }
    }
}
```

这段程序与前述的范例相同，只是最后设置了 GridView 控件的 DataSource，并且运行 DataBind() 方法，让数据通过 GridView 呈现在界面上。网页运行结果如果 9-16 所示。

StudentId	Name	Phone	Address
1001	张大明	92812××××	高雄市 ×× 路 1000 号
1002	王影月	092911××××	高雄市 ×× 路 1000 号
1003	赵小花	092022××××	高雄市 ×× 路 6000 号
1004	孙明明	0929555××××	台南市 ×× 路044401号
1005	李大大	0929555××××	台南市 ×× 路044401号
1006	陈上洁	092011××××	高雄市 ×× 路 9000 号
1007	Marry Wang	23232××××	高雄市 ×× 路100号
1008	刘大人	225244××××	台北市 ×× 路100号
1009	戴大大	212345××××	台中市 ×× 路12345号
1010	陈小心	312345××××	台南市 ×× 路0001号
1011	田小月	2121212××××	宜兰市 ×× 路2525号

图 9-16　范例 9-7 程序运行结果

小　结

本章针对如何通过 ADO.NET 程序化语法建立数据操作功能网页，进行了实际的示范说明，同时讨论了 ADO.NET 各项 API 的用法，并且整合前述章节所讨论的数据控件，完成数据维护功能的建立操作。在实际开发中，ADO.NET 可以提供更灵活性的方法，让用户建立更复杂的商业应用系统。

习 题

1. ADO.NET 提供的类别对象中，请说明以下几种对象的功能。

Connection / Command / DataReader / DataSet

> 请参考 9.2 ~ 9.5 节的内容。

2. 简述 DataSet 对象中，封装数据的对象为何，并简述其架构组成。

> 封装的对象是 DataTable，由 DataRow 组成，而 DataRow 由 DataColumn 组成。

3. 简述 DataAdapter 的用途。

> 此类也可执行 SQL 指令，并将所得到的结果填入 DataTable 对象使用，也可以将其看作是 Connection 及 DataSet 之间的桥梁。
>
> 由于 DataSet 并不具有操作数据库的能力，所以 DataSet 必须依赖其他的数据库操作组件（例如 Command 或者 DataAdapter）提供数据给它，其中以 DataAdapter 与 DataSet 之间的关系最为密切。

4. ADO.NET 命名空间中，请说明 System.OleDb 与 System.SqlClient 的区别。

> System.OleDb 链接 OLE DB 类型的数据库，例如微软的 Access 数据库。
>
> System.SqlClient 链接 SQL 类型的数据库，例如微软的 SQL 数据库。

5. 利用 SqlConnection 建立数据库连接对象时，如果没有指定连接字符串参数，请说明必须如何设置其连接信息。

> 请参考 9.2 节的内容。

6. 考虑以下的配置：

```
SqlCommand cmd=new SqlCommand(a,b);
```

请说明其中的参数 a 与 b 的意义。

> a 是要执行的 SQL 语句，而 b 是连接对象

7. 承上题，如果以如下的方式建立 SqlCommand 对象：

```
SqlCommand cmd=new SqlCommand();
```

请说明如何完成其中的设置。

> 请参考 9.3 节的内容

8. SqlCommand 支持数据异动的 SQL 作业，请说明 ExecuteReader 与 ExecuteNonQuery

的差异。

> ExecuteReader 会回传一个包含数据内容的 Reader 对象，而 ExecuteNonQuery 仅执行 SQL 无回传，适合数据异动的 SQL。

9. 简述 DataReader 与 DataSet 两种对象的差异。

> DataSet 封装 SQL 语句取得的资料内容，与上述提及的 Connection、Command 与 DataReader 不同的是，DataSet 是脱机对象，它不会因为连接的数据库不同而有任何差异，当数据存储至 DataSet 对象之后，就与数据库没有任何关联，因此可以关闭数据库连接，以避免资源浪费。

10. 简述 DataSet、DataTable 与 DataRow 的关系。

> 请参考 9.5 节的内容。

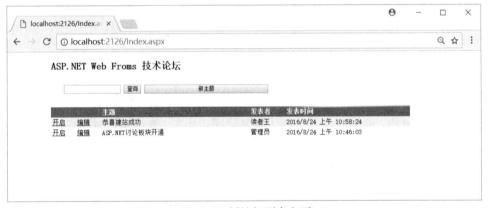

第 10 章

实 作 范 例

10.1　简易讨论板

本章说明如何利用前述章节讨论的技术与数据库功能，实作一个简单的讨论板范例，读者将在本章体验实作一个微型项目的过程，进一步跨越入门的门槛，持续向专业之路迈进。

1. 讨论板功能

为了方便说明，一开始先在数据库中输入两项测试用数据，再进入讨论板列表主页，查看目前已发起的讨论主题，如图 10-1 所示。

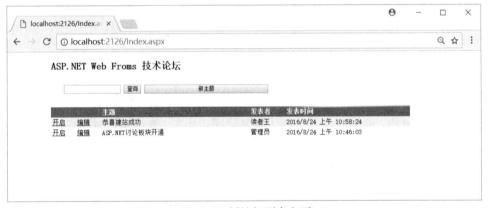

图 10-1　讨论板列表主页

在此界面中有几项功能，以下列举说明。

（1）新主题：单击"新主题"按钮，打开"发表新主题"界面，如图 10-2 所示。

其中，提供发起一个新主题需要的信息字段，用户完成内容的填写，单击"建立新主题"链接即可将数据添加至讨论板的数据库中。如果单击"取消"链接，则回到原来的主题列表页。

（2）编辑：用户可以针对特定主题，单击"编辑"链接，即可切换到此主题的编辑功能页，如图 10-3 所示。

在其中编辑想要修改的内容，单击"更新"链接，即可回到原来的列表，并且看到修改的内容，如果单击"取消"功能链接，则会直接回到主题列表页，不会有任何异动发生。

图 10-2 "发表新主题"界面

图 10-3 "编辑主题"界面

（3）查询：随着讨论主题的增加，用户可以通过查询功能找到感兴趣的主题，在主题列表页上方的文本框中，输入所要查询的主题关键词，单击"查询"按钮即可运行查询功能，如图 10-4 所示。

图 10-4 查询主题

在这个界面中，输入关键词 ASP，因此返回与此关键词有关的主题。

（4）打开主题内容：最后，用户还需要查看特定主题内容的功能，这一部分比较复杂，在完成初步的讨论之后，本章后续再进行讨论，因此先简单地将主题显示在界面上，当用户单击"开启"链接时，显示以下界面，如图 10-5 所示。

图 10-5 显示主题

其中是点选的主题内容，同时提供用户"发表新主题"与"回复主题"的两项功能，前者让用户发表全新的主题，后者则针对此主题进行回复。

2. 数据库

为了简化以方便说明，这个范例建立数据库 ZCTForum，并且于其中配置单一数据表 Forums，结构如表 10-1 所示。

表 10-1 数据表的结构

字　段	类　型	说　明
Id	int	主题唯一编号
Author	nvarchar	张贴主题的作者名称
Email	nvarchar	张贴主题的作者联络电子邮件
Title	nvarchar	主题
Posttime	datetime	主题张贴时间
Desc	nvarchar	主题内容
Category	nvarchar	主题分类
RId	int	回复的主题编号

每次用户张贴一个主题时，就会在这个数据表中建立一项对应的数据，下面建立网页以支持相关的功能实作。

3. 主题列表页

建立新项目，将其命名为 Forum，在其中新建 Web 窗体 Index.aspx，并且配置 GridView，如图 10-6 所示。

首先是文本框，提供用户输入查询关键词，右边的 Button 控件分别支持查询以及建立主题的功能。

接下来配置的 GridView 是用来呈现目前数据库中保存的主题列表，由于这一部分要通过 ADO.NET 程序代码进行设置，因此不需配置 SqlDataSource 控件。但是如此一来，就必须自行设置需要的字段，因此打开编辑数据行设置功能。

我们并不需要全部的字段，只需要加入"主题""发表者""发表时间"即可，分别对应 Title（主题）、Author（发表者）以及 Posttime（发表时间）字段，另外加入"打开"及"编辑"

字段以支持对应的主题查看与编辑功能，如图 10-7 所示。

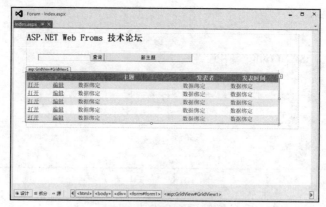

图 10-6　新建 Web 窗体

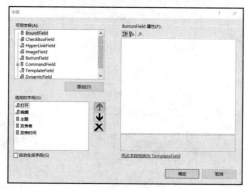

图 10-7　设置字段

最后格式化其外观，选择一种内键格式，预览效果如图 10-8 所示。

图 10-8　预览效果

完成之后，切换至源内容，加入的字段构成内容如下：

```
<head runat="server">
    <meta http-equiv="Content-Type"
    content="text/html; charset=utf-8" />
    <title></title>
    <style type="text/css">
```

```
            #form1{
                text-align: center;
            }
            .auto-style1{
                text-align: left;
            }
        </style>
    </head>
    <body>
        <div style="margin: 0 auto; width: 960px;">
            <h2>ASP.NET Web Froms 技术论坛</h2>
            <form id="form1" runat="server">
                <div class="auto-style1" style="margin: 2em;">
                    <asp:TextBox ID="TextBox1" runat="server"
                        Style="text-align: left">
                        </asp:TextBox>
                    <asp:Button ID="Search" runat="server" Text=" 查询 "
                        OnClick="Search_Click" />
                    <asp:Button ID="New" runat="server" Text="新主题 "
                        OnClick="New_Click" Width="307px" />
                </div>
                    <asp:GridView ID="GridView1" runat="server"OnRowComma
nd="GridView1_RowCommand" AutoGenerateColumns="False" CellPadding="4"
ForeColor="#333333" GridLines="None" Style="text-align:left" Width="889px">
                    <AlternatingRowStyle BackColor="White" />
                    <Columns>
                        <asp:ButtonField CommandName="Select"
                            Text=" 打开 " />
                        <asp:ButtonField CommandName="Edit"
                            Text=" 编辑 " />
                        <asp:BoundField DataField="Title"
                            HeaderText=" 主题 "
                            ReadOnly="True" SortExpression="Title">
                            <ItemStyle Width="360px" />
                        </asp:BoundField>
                        <asp:BoundField DataField="Author"
                            HeaderText=" 发表者 "
                            ReadOnly="True" SortExpression="Author" />
                        <asp:BoundField DataField="Posttime"
                            HeaderText=" 发表时间 " ReadOnly="True"
                            SortExpression="Posttime" />
                    </Columns>
                    <EditRowStyle BackColor="#2461BF" />
                    <FooterStyle BackColor="#507CD1"
                            Font-Bold="True" ForeColor="White" />
                    <HeaderStyle BackColor="#507CD1"
                            Font-Bold="True" ForeColor="White" />
                    <PagerStyle BackColor="#2461BF"
                            ForeColor="White"
                            HorizontalAlign="Center" />
```

```
                    <RowStyle BackColor="#EFF3FB" />
                    <SelectedRowStyle BackColor="#D1DDF1"
                            Font-Bold="True" ForeColor="#333333" />
                    <SortedAscendingCellStyle BackColor="#F5F7FB" />
                    <SortedAscendingHeaderStyle BackColor="#6D95E1" />
                    <SortedDescendingCellStyle BackColor="#E9EBEF" />
                    <SortedDescendingHeaderStyle BackColor="#4870BE" />
                </asp:GridView>
            </form>
        </div>
    </body>
```

其中逐一加入的 <asp: BoundField > 标签，自动设置其 DataField 属性为对应的数据表字段，另外在一开始设置了简单样式以美化版面的配置。

在这个网页中的两个按钮，分别定义 OnClick 事件以支持相关功能的操作。现在切换至后置程序代码，在其中配置 PostData() 函数的内容。

```
public void PostData(string msg)
{
    string connstring=@"...";
    SqlConnection conn=new SqlConnection();
    conn.ConnectionString=connstring;
    string cmdString="";
    if(msg=="")
    cmdString="SELECT*FROM Forums ORDER BY Posttime DESC ";
    else
    cmdString="SELECT*FROM Forums
    WHERE Title LIKE N'%"+msg+"%'
    ORDER BY Posttime DESC";
    SqlCommand cmd=new SqlCommand();
    cmd.Connection=conn;
    cmd.CommandText=cmdString;
    DataSet ds=new DataSet();
    SqlDataAdapter adapter=new SqlDataAdapter();
    adapter.SelectCommand=cmd;
    adapter.Fill(ds);
    conn.Close();
    GridView1.DataSource=ds;
    GridView1.DataBind();
}
```

首先通过 ADO.NET 连接数据库，然后根据参数 msg，决定取出 Forums 数据表的全部数据，或者其中 Title 域值包含 msg 部分文字的数据内容，并且以 Posttime 字段数据进行排序。

最后取得封装数据内容的 DataSet 对象，将其设置给 GridView 控件的 DataSource 属性，运行 DataBind() 方法，完成数据连接设置。

在网页一开始加载时，引用并运行 PostData，输入空字符串如下：

```
protected void Page_Load(object sender, EventArgs e)
{
    PostData("");
}
```

由于输入的是空的字符串，因此将取回全部的数据，以张贴的时间（Posttime）为依据排序，越新的贴文越显示在前方。

接下来是"查询"与"新主题"两个按钮的 OnClick 事件处理程序，列举如下：

```
protected void New_Click(object sender, EventArgs e)
{
    Response.Redirect("New.aspx");
}
protected void Search_Click(object sender, EventArgs e)
{
    PostData(TextBox1.Text);
}
```

New_Click() 在用户单击"新主题"按钮时运行，将网页转向至建立新主题的网页 New.aspx，而 Search_Click() 则是运行上述讨论的 PostData() 函数，输入用户指定的查询关键词字符串，取得结果数据并且重新显示在网页。

最后要建立的功能，是当用户单击任一项主题数据前方的"编辑"或"打开"链接时，要运行的程序代码，列举如下：

```
protected void GridView1_RowCommand(object sender,
                                GridViewCommandEventArgs e)
{
    int index=Convert.ToInt32(e.CommandArgument);
    GridViewRow row=GridView1.Rows[index];
        DataSet ds=(DataSet)GridView1.DataSource;
    int c=ds.Tables[0].Rows.Count;
    int id=int.Parse(
    ds.Tables[0].Rows[index]["Id"].ToString());
    if(e.CommandName== "Edit")
        Response.Redirect("FLine.aspx?fid="+id.ToString());
    else if (e.CommandName=="Select")
        Response.Redirect("View.aspx?fid=" + id.ToString());
}
```

无论哪一个功能被单击，都会运行这段程序代码的内容，其中首先取得被单击的数据对应的唯一识别编号，如果是要运行编辑功能，则转向至 FLine.aspx 网页，并且将其当作参数命名为 fid 合并至 url 字符串，否则转向 View.aspx，提供内容查看。

4. 编辑单笔主题

理论上具有管理员身份的用户才有权限可以使用这个功能，这里不进行相关的讨论。建立新的 Web 窗体文件 FLine.aspx，并于其中配置内容，如图 10-9 所示。

SqlDataSource 控件负责取得数据库连接，设置其数据源，如图 10-10 所示。

注意界面中的设置，尤其左边的"源"必须指定为 QueryString，右边的参数则设置为上述指定的 fid，单击"添加"按钮，将其加入 WHERE 子句中的 SQL 表达式，如图 10-11 所示。

图 10-9　新建并配置窗体

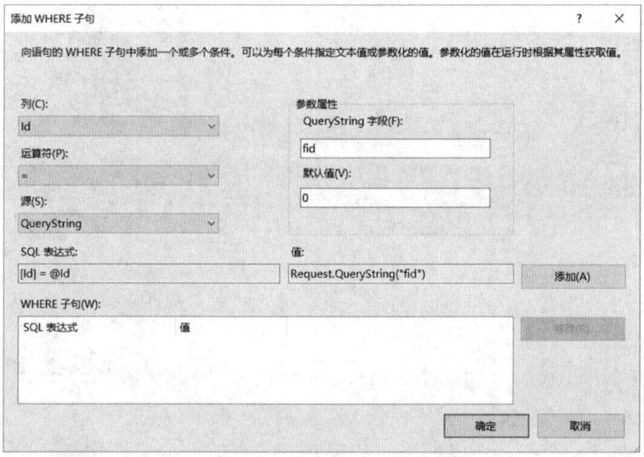

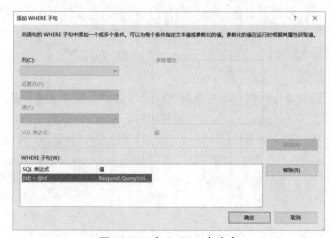

图 10-10　设置数据源

图 10-11　加入 SQL 表达式

完成后的界面中，建立了需要的等式，单击"确定"按钮，完成相关的设置。

现在切换至"源"模式：

```
<EditItemTemplate>
<table>
<tr>
  <td>发表人 </td>
  <td>
      <asp:TextBox ID="AuthorTextBox" runat="server"
              Text='<%# Bind("Author") %>' /></td>
</tr>
<tr>
  <td>Email</td>
  <td>
      <asp:TextBox ID="EmailTextBox" runat="server"
              Text='<%# Bind("Email") %>' Width="220px" /></td>
</tr>
<tr>
  <td> 分类 </td>
  <td>
   <asp:TextBox ID="CategoryTextBox" runat="server"
              Text='<%# Bind("Category") %>' />
  </td>
</tr>
<tr>
  <td> 主题
      <div>
        <asp:RequiredFieldValidator Display="Dynamic"
              ForeColor="Red"
              ControlToValidate="TitleTextBox"
              ID="RequiredFieldValidator1" runat="server"
              ErrorMessage=" 必须输入主题 ">
        </asp:RequiredFieldValidator>
      </div>
  </td>
  <td>
      <asp:TextBox ID="TitleTextBox" runat="server"
              Text='<%# Bind("Title") %>' Width="460px" />
  </td>
</tr>
<tr>
  <td>内容
      <div>
        <asp:RequiredFieldValidator  ForeColor="Red"
              ControlToValidate="DescTextBox"
              ID="RequiredFieldValidator2" runat="server"
              ErrorMessage=" 必须输入内容 "  Display="Dynamic">
        </asp:RequiredFieldValidator>
      </div>
  </td>
```

```
    <td>
        <asp:TextBox ID="DescTextBox" runat="server"
                Text='<%# Bind("Desc") %>' TextMode="MultiLine"
                Width="460px" Height="220px" />
    </td>
</tr>
</table>
        <asp:LinkButton ID="UpdateButton" runat="server"
                CausesValidation="True"
                CommandName="Update" Text=" 更新 " />
                 
<asp:LinkButton ID="UpdateCancelButton"
            runat="server" CausesValidation="False"
            CommandName="Cancel" Text=" 取消 "
            OnClick="UpdateCancelButton_Click" />
</EditItemTemplate>
```

为了方便配置，因此通过页面内容以 Table 标签进行版面的建构。

由于 Title 与 Desc 都是必要的字段，另外嵌入 RequiredFieldValidator 防止用户留下空内容。

最后的 LinkButton 则分别运行更新与取消操作，单击"更新"按钮之后，SqlDataSource 会自动完成更新操作，"取消"按钮则运行 UpdateCancelButton_Click()，后置程序代码的内容如下：

```
protected void UpdateCancelButton_Click(object sender, EventArgs e)
{
    Response.Redirect("Index.aspx");
}
```

另外，还必须在网页加载之后，判断是否有输入参数以避免程序出现问题。

```
protected void Page_Load(object sender, EventArgs e)
{
    if (Request.QueryString.Count>0){
        FormView2.DefaultMode=FormViewMode.Edit;
    }else{
        Response.Write("<p> 无任何可编辑数据 </p>");
    }
}
```

如果 Request.QueryString 输入参数，则将 FormView 控件的默认模式设置为 FormView Mode.Edit，如此便会直接以编辑模式进行呈现。

5. 查看单笔主题

在主题页针对特定主题进行查看，单击"打开"链接，会转向至 View.aspx，这个网页文件必须呈现所对应的主题。为了自定义显示的格式，因此配置 FormView 控件，SqlDataSource 的设置同上述编辑单项主题功能。由于只要显示单项的内容，因此这里仅列举 ItemTemplate。

```
<ItemTemplate>
    <div>
        <p style="font-size: 2em;padding:0;margin:0;">
            <b>
                <asp:Label ID="TitleLabel" runat="server"
```

```
                Text='<%# Bind("Title") %>' /></b>
        </p>
        <p style="padding:4px;background-color:#f7fbff;">
            <asp:Button ID="IndexButton" runat="server"
                    Text=" 回主题列表 "
                    OnClick="IndexButton_Click" />
            <asp:Button ID="NewButton" runat="server"
                    Text=" 发表新主题 "
                    OnClick="NewButton_Click" />
            <asp:Button ID="RButton" runat="server"
                    Text=" 回复主题 "
                    OnClick="NewButton_Click" />
            <asp:Label ID="Label1" runat="server"
                    Text='<%# Bind("Author") %>' />
        发表时间: <asp:Label ID="Label2" runat="server"
                    Text='<%# Bind("Posttime") %>' />
        </p>
    </div>
    <div style="border-top: 1px solid #fafcff; padding: 1em;">
        <asp:Label ID="DescLabel" runat="server"
        Text='<%# Bind("Desc") %>' />
    </div>
</ItemTemplate>
```

其中，包含想要显示的字段内容，分别根据其特性以不同的样式与位置配置，Title 字段放大并作为标题，而 Desc 绑定列独立在最后一个块，其他包含作者与发表时间则逐一列举。

另外配置两个 Button 控件，提供用户直接发表新主题，或者针对此主题回复的功能。

以下是最后呈现的配置界面，如图 10-12 所示。

图 10-12　配置界面

切换至后置程序代码，以下是"发表新主题"按钮与"回主题列表"的功能：

```
protected void NewButton_Click(object sender, EventArgs e)
{
    Response.Redirect("New.aspx");
}
protected void IndexButton_Click(object sender, EventArgs e)
```

```
    {
        Response.Redirect("Index.aspx");
    }
```

程序代码 NewButton_Click 会将用户直接转向 New.aspx 以支持新主题的发表功能，而 IndexButton_Click 则响应"回主题列表"按钮，将用户直接转向主题列表页面。

另外一个"回复主题"按钮，后续再讨论。

6. 新主题

发表新主题的功能由 New.aspx 支持，配置所需要的主题输入窗体，如图 10-13 所示。

图 10-13　配置主题

其中的 SqlDataSource 为所需要的数据源，注意必须允许数据异动功能。由于这个窗体仅单纯地提供输入功能，因此来看一下其中的 InsertItemTemplate。

```
<InsertItemTemplate>
<table>
    <tr>
        <td> 发表人 </td>
        <td>
            <asp:TextBox ID="AuthorTextBox" runat="server"
                Text='<%# Bind("Author") %>' /></td>
    </tr>
    <tr>
        <td>Email</td>
        <td>
            <asp:TextBox ID="EmailTextBox" runat="server"
                Text='<%# Bind("Email") %>' Width="220px" />
        </td>
    </tr>
    <tr>
        <td> 分类 </td>
        <td>
            <asp:TextBox ID="CategoryTextBox" runat="server"
```

```
                        Text='<%# Bind("Category") %>' />
            </td>
        </tr>
        <tr>
            <td> 主题
                <div>
                    <asp:RequiredFieldValidator Display="Dynamic"
                            ForeColor="Red"
                            ControlToValidate="TitleTextBox"
                            ID="RequiredFieldValidator1" runat="server"
                            ErrorMessage=" 必须输入主题 ">
                    </asp:RequiredFieldValidator>
                </div>
            </td>
            <td>
                <asp:TextBox ID="TitleTextBox" runat="server"
                        Text='<%# Bind("Title") %>' Width="460px" />
            </td>
        </tr>
        <tr>
            <td> 内容 <div>
                <asp:RequiredFieldValidator  ForeColor="Red"
                        ControlToValidate="DescTextBox"
                        ID="RequiredFieldValidator2" runat="server"
                        ErrorMessage=" 必须输入内容 "  Display="Dynamic">
                </asp:RequiredFieldValidator>
                </div>
            </td>
            <td>
                <asp:TextBox ID="DescTextBox" runat="server"
                        Text='<%# Bind("Desc") %>'
                        TextMode="MultiLine" Width="460px"
                        Height="220px" />
            </td>
        </tr>
</table>
        <div style="margin: 1em;">
        <asp:LinkButton ID="InsertButton" runat="server"
                CausesValidation="True"
                CommandName="Insert" Text=" 建立新主题 " />
         <asp:LinkButton ID="InsertCancelButton" runat="server"
                CausesValidation="False"
                CommandName="Cancel" Text=" 取消 "OnClick="InsertCan
celButton_Click" />
        </div>
</InsertItemTemplate>
```

在这个模板中，利用 Table 配置内容以方便用户填写，由于直接通过 SqlDatasource 关联绑定，当用户单击"建立新主题"按钮时，会自动将数据添加进数据库，另外必须在"取消"按钮中将用户导向主题页。以下为后置程序代码：

```
protected void Page_Load(object sender, EventArgs e)
{
```

```
        FormView1.DefaultMode=FormViewMode.Insert;
}
protected void InsertCancelButton_Click(object sender, EventArgs e)
{
        Response.Redirect("Index.aspx");
}
```

首先在网页一开始加载时，将 FormView 的编辑模式切换成 FormViewMode.Insert，以支持输入操作。

InsertCancelButton_Click 则在单击"取消"按钮时运行，将用户重新导向。

完成新主题的建立功能，就结束了第一阶段的设计，接下来进一步针对主题回复功能进行讨论。

10.2 主题回复管理

本节主要示范如何进一步完善主题回复页的内容，由于此部分功能牵涉主题页的调整，因此以另外一个独立项目进行讨论，修改的内容均配置在 Forum_R 文件夹，与原来的 Forum 项目分开，读者请自行打开查看。

除了发起新主题，希望用户可以回复每一个主题，这些回复的内容与针对的主题必须同时出现在主题页里，而且以主要 / 明细的格式呈现，如图 10-14 所示。

图 10-14　回复的主题的格式

界面上方的浅色字是前述未调整之前的主题信息，下面的按钮，分别提供用户不同的功能，如表 10-2 所示。

表 10-2　按钮的功能

按　　钮	说　　明
回复主题	针对目前页面的主题内容进行回复
回主题列表	回到主题列表页
发表新主题	发表一个与目前页面无关的全新主题

"回复主题"按钮让用户直接转向至一个新的网页，输入回复的主题内容，并且记录目前的主题编号以方便后续整理。

"回主题列表"与"发表新主题"则方便用户可以直接从这个网页转向项目首页，或者发表另外一个新主题。

1. 回复主题编号字段

每一则特定主题的回复内容，事实上还是在 Forum 数据表中插入一项全新的数据，而数据表中配置的 RId 字段则用来区别全新主题与特定主题数据，为了方便说明重新列举，如表 10-3 所示。

表 10-3　字段类型及说明

字　　段	类　　型	说　　明
Id	int	主题唯一编号
Author	nvarchar	张贴主题的作者名称
Email	nvarchar	张贴主题的作者联络电子邮件
Title	nvarchar	主题
Posttime	datetime	主题张贴时间
Desc	nvarchar	主题内容
Category	nvarchar	主题分类
RId	int	回复的主题编号

其中，RId 字段保存用户发表的这一则贴文所要回复的对应主题编号数值。

每次当用户发表一则新的主题时，这一则主题保存至数据库的 RId 字段是空值；如果发表的主题是根据某一则主题进行回复，则 RId 字段会保存此则主题识别 Id。

以下是操作者在数据库中任意输入的测试数据内容，如图 10-15 所示。

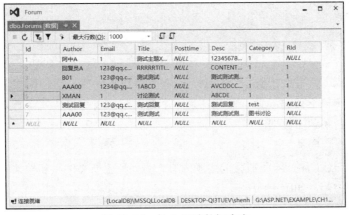

图 10-15　输入测试数据内容

从这个截图中可以看到，其中标示的 RId 域值保存数据为其回复的主题编号 Id，可以通过这个字段找到对应的主题进行后续处理。

了解相关的原理之后，开始进行操作，以下从主题列表页 Index.aspx 开始。

2. 筛选非新主题数据

在原来主题页的配置中，直接取出 Forum 数据表中所有的数据内容，由于现在允许用户针对特定主题进行回复，因此取出的数据必须是全新发表的主题，其他的数据则是根据响应的主题。在用户打开特定主题页时，与主题一并显示，要辨别这两种资料，可依据上述讨论的 RId 字段。

当 RId 字段是空值时，表示是一个全新主题，因此将其取出，否则主题页不会显示这项数据。现在重新打开 Index.aspx 后置程序代码，修改其中所使用的 SQL 语句。

```
public void PostData(string msg)
{
    string connstring=@"Data Source=(LocalDB)\MSSQLLocalDB;...";
    SqlConnection conn=new SqlConnection();
    conn.ConnectionString=connstring;
    string cmdString="";
    if(msg=="")
    cmdString="SELECT*FROM Forums
        WHERE Rid IS NULL ORDER BY Posttime DESC";
    else
    cmdString="SELECT*FROM Forums
        WHERE  Rid IS NULL AND
        Title LIKE N'%"+msg +"%'
        ORDER BY Posttime DESC" ;

    SqlCommand cmd=new SqlCommand();
    cmd.Connection=conn;
    cmd.CommandText=cmdString;
    DataSetds=new DataSet();
    SqlDataAdapter adapter=new SqlDataAdapter();
    adapter.SelectCommand=cmd;
    adapter.Fill(ds);
    conn.Close();
    GridView1.DataSource=ds;
    GridView1.DataBind();
}
```

函数 PostData() 负责取出数据，其中无论有无查询条件值，都必须加上 Rid IS NULL 的判断语句。如果 RId 字段是空值，表示这是一个新主题，因此将其列举出来，这个主题页就会过滤掉所有非新主题的数据。

3. 主题查看页列举

打开 View.aspx 文件，除了原来的主题内容，另外配置所需的按钮控件以及呈现回复主题列表的 Repeater 控件，如图 10-16 所示。

图 10-16　配置控件

界面中间的 3 个按钮必须提供本节一开始说明的网页转向功能，通过编写事件处理程序来完成，列举如下：

```
protected void NewButton_Click(object sender, EventArgs e)
{
    Response.Redirect("New.aspx");
}
protected void RButton_Click(object sender, EventArgs e)
{
    Response.Redirect("NewR.aspx?fid="+Request.QueryString["fid"]);
}
protected void IndexButton_Click(object sender, EventArgs e)
{
    Response.Redirect("Index.aspx");
}
```

其中的 RButton_Click() 在用户单击"回复主题"按钮时被运行，转向另外一个新建立的
NewR.aspx 网页文件，并且将目前主题的 Id 数值输入，此后在建立回复主题时就能取得主题
的 Id。

另外一个 Repeater 控件必须格式化其配置内容，以适当的配置呈现各种域值，这一部分
通过手动设置标签内容处理如下：

```
<asp:Repeater ID="Repeater1" runat="server">
    <ItemTemplate>
        <div style="overflow: hidden;">
            <div style="float: left; width: 180px;">
                <asp:Label ID="TextBox1" runat="server"
                Text='<%# Bind("Author") %>' /><br />
                <asp:Label ID="Label3" runat="server"
                Text='<%# Bind("Posttime") %>' />
```

```
            </div>
            <div style="float: left;">
                <div  style="background-color:azure;" >
                <asp:Label ID="Label4" runat="server"
                    Text='<%# Bind("Title") %>' /><br />
                </div>
                <asp:TextBox ID="TextBox2" runat="server"
                Text='<%# Bind("Desc") %>'
                    TextMode="MultiLine" ReadOnly="true"
                    Width="740px" Height="100px"
                    MaxLength="600" Style="resize: none" />
            </div>
        </div>
    </ItemTemplate>
</asp:Repeater>
```

除了作者以及发表时间，最后配置的 TextBox 必须设置为 MultiLine 模式以呈现多行的发言内容，并且将其设为 ReadOnly，另外设置 Style 样式，让用户无法重设大小，避免破坏版面。

最后切换至后置程序代码，在网页加载时，输入以下的 SQL 程序代码：

```
protected void Page_Load(object sender, EventArgs e)
{
    string rid=Request.QueryString["fid"];
    string connstring=@"Data Source=(LocalDB)\...";
    SqlConnection conn=new SqlConnection();
    conn.ConnectionString=connstring;
    string cmdString="SELECT * FROM Forums
WHERE Rid="+rid + "
ORDER BY Posttime DESC";
    SqlCommand cmd=new SqlCommand();
    cmd.Connection=conn;
    cmd.CommandText=cmdString;
    DataSet ds=new DataSet();
    SqlDataAdapter adapter=new SqlDataAdapter();
    adapter.SelectCommand=cmd;
    adapter.Fill(ds);
    conn.Close();
    Repeater1.DataSource=ds;
    Repeater1.DataBind();
}
```

通过在 SQL 语句中指定 Rid 等于目前主题的识别 Id 筛选条件，利用程序代码直接取得与此主题相关的回复主题数据，将最后得到的 DataSet 对象，设置给 Repeater 控件，完成细节设置。

完成这个页面的设计，就可以将某个特定主题与其相关的回复内容列举在页面上。

最后，还要建立一个专门负责支持回复功能的新建页 NewR.aspx，这个页面与建立新主题页 New.aspx 功能几乎相同，只是它必须在数据添加至数据库时，同时将 RId 字段的值设置为目前的主题。

4. 主题回复页

建立新网页 NewR.aspx，在其中配置所需的 SqlDataSource 控件以及 FormView 控件，内容如图 10-17 所示。

图 10-17　配置控件

其中的 SqlDataSource 控件必须允许数据异动，FormView 的部分仅提供新建资料模式，调整其内容配置，以下列举配置内容。

```
<InsertItemTemplate>
<asp:HiddenField ID="RIdTextBox" runat="server"
Value='<%# Bind("RId") %>' />
<table>
    <tr>
        <td> 发表人 </td>
        <td>
            <asp:TextBox ID="AuthorTextBox" runat="server"
                Text='<%# Bind("Author") %>' /></td>
    </tr>
    <tr>
        <td>Email</td>
        <td>
            <asp:TextBox ID="EmailTextBox" runat="server"
                Text='<%# Bind("Email") %>' /></td>
    </tr>
    <tr>
        <td> 分类 </td>
        <td>
            <asp:TextBox ID="CategoryTextBox" runat="server"
                Text='<%# Bind("Category") %>' />
        </td>
    </tr>
    <tr>
        <td> 主题
          <div>
          <asp:RequiredFieldValidator Display="Dynamic"
          ForeColor="Red" ControlToValidate="TitleTextBox"
```

```
                        ID="RequiredFieldValidator1"
                        runat="server"
                        ErrorMessage="必须输入主题">
                        </asp:RequiredFieldValidator>
                         </div>
                </td>
                <td>
                    <asp:TextBox ID="TitleTextBox"
                    runat="server"
                    Text='<%# Bind("Title") %>' />
                </td>
            </tr>
            <tr>
                <td>内容
                    <div>
                        <asp:RequiredFieldValidator ForeColor="Red" ControlTo
                            Validate="DescTextBox"
                            ID="RequiredFieldValidator2"
                            runat="server" ErrorMessage="必须输入内容"
                            Display="Dynamic">
                        </asp:RequiredFieldValidator>
                    </div>
                </td>
                <td>
                    <asp:TextBox ID="DescTextBox" runat="server"
                        Text='<%# Bind("Desc") %>'
                        TextMode="MultiLine"
                        Width="460px" Height="220px" />
                </td>
            </tr>
    </table>
    <asp:LinkButton ID="InsertButton" runat="server"
        CausesValidation="True"
        CommandName="Insert" Text="回复" />
         
    <asp:LinkButton ID="InsertCancelButton" runat="server"
        CausesValidation="False"
        CommandName="Cancel" Text="取消"
        OnClick="InsertCancelButton_Click" />
</InsertItemTemplate>
```

一开始配置 HiddenField 控件连接 RId 字段，以保存目前所回复的主题 Id。

接下来在表格配置其他需要输入的数据字段。

完成上述的配置，当用户在其中输入数据，并且保存到数据库中，HiddenField 控件连接 RId 字段的值，会被保存至 RId 字段，此后这里添加数据就会与 New.aspx 这个添加页面建立的主题区隔开，不会显示在页面上。

另外，在 FormView 控件的属性设置上，必须设置 OnItemInserted 事件如下：

```
<asp:FormView ID="FormView1" runat="server"
    DataKeyNames="Id" DataSourceID="SqlDataSource1"
```

```
OnItemInserted="FormView1_ItemInserted"  >
```

FormView1_ItemInserted 在读者完成回复时被运行，重新导向到主题查看页，如此就可以马上看到响应的内容，所需的后置程序代码如下：

```
protected void FormView1_ItemInserted(object sender, FormViewInsertedEventArgs e)
{
    Response.Redirect("View.aspx?fid=" + Request.QueryString["fid"]);
}
```

其中导向至 View.aspx，并且输入目前的主题 Id。

最后，在窗体加载时，必须同时完成回复主题的编号设置以确认这一项添加的主题，会与某个特定的主题产生连接。

```
protected void Page_Load(object sender, EventArgs e)
{
    FormView1.DefaultMode=FormViewMode.Insert;
    ((HiddenField)FormView1.FindControl("RIdTextBox")).Value=
        Request.QueryString["fid"];
}
```

除了直接将页面设置为 FormViewMode.Insert 模式外，接下来就是将隐藏域值设置为目前响应的主题 Id，也就是随着 url 传送进来的 fid 参数。

到目前为止，已经完成了主题回复页的设计，最后针对其功能操作进行示范。

5. 主题回复操作

打开主题页针对任意主题单击"开启"链接，如图 10-18 所示。

图 10-18　选择主题

在打开的窗口中单击左边的"回复主题"（见图 10-19）按钮，切换至此主题的编辑页，如图 10-20 所示。

在其中输入想要回复的内容，单击"回复"链接，这些数据会被添加至 Forum 数据表中，并且将此主题编号 Id 设为 RId 域值，最后回到回复主题的内容主页，在此会看到添加的这一项资料，是目前最新的回复资料，如图 10-21 所示。

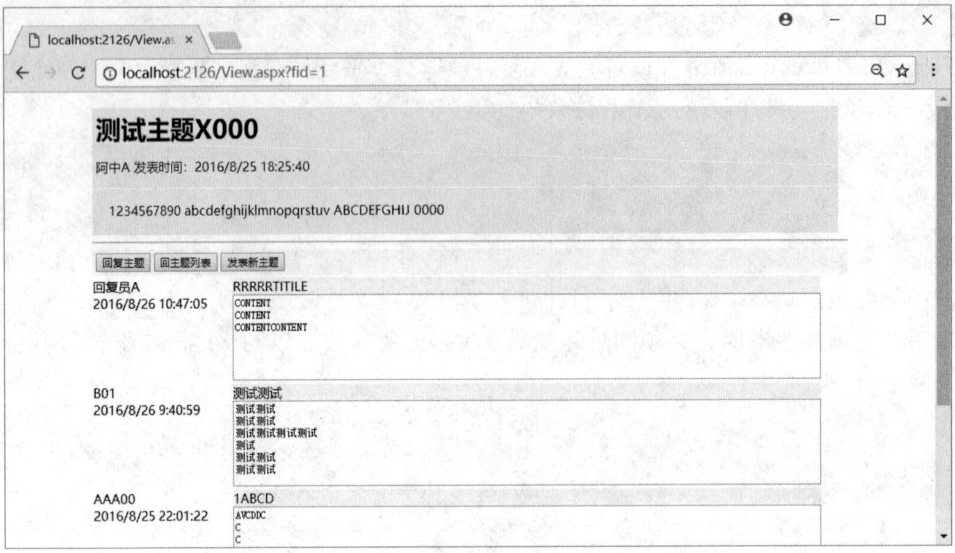

图 10-19　主题页

图 10-20　回复主题编辑页

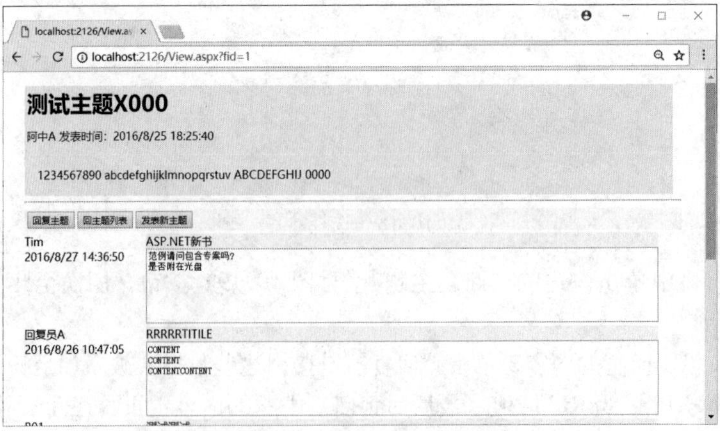

图 10-21　查看回复资料

　　此项数据是为了回复打开主题而建立的数据，因此并不会出现在主题列表中，现在打开数据表，此项数据的保存结果如图 10-22 所示。

图 10-22　查看数据表

小　结

　　本章利用前述章节所讨论的技术知识，建立一个微型的项目，并且通过其中功能的实际操作，说明如何建立一个完整功能的项目。完成本章的学习后，本课程也将告一段落，读者未来还需要进一步通过各种真实的操作磨炼技术能力，才能够成为一名真正的 ASP.NET 开发人员。

ASP.NET 中的 HTML 控件是传统的 HTML 标签被对象化后的产物，在未被对象化之前，由 HTML 标签编写出来的网页，也可称为静态网页，在服务器端与客户端之间并无互动关系。例如下面的 HTML 标签：

```
<Input Type="Text" Value="文本框内容" name="Text1">
```

由于传统的 HTML 标签并未彻底对象化，因此要动态设置 HTML 标签的属性就必须插入服务器端程序代码或者用 JavaScript 等脚本语言编写的程序，造成 HTML 标签与程序代码混杂，对程序设计师与程序维护者来说，无疑增加了难度。

例如：下面这段程序就通过动态的方式对 HTML 标签进行属性设置，网页中混合了两种完全不同格式的内容。

```
<body>
    <form id="form1" runat="server">
        <% string message="文本框内容"; %>
        <input type="text" value="<%=message%>" name="Text1" />
    </form>
</body>
```

ASP.NET 以服务器版本的控件通过程序直接控制并设置其属性，因此让网页的互动与程序的编写及维护更容易，同时也改善了运行效率。本书的内容已经针对服务器控件进行了讨论，考虑传统静态网页的改良需求，直接配置服务器控件或许必须进行大幅改写，因此在此附录中持续讨论传统 HTML 标签的对象化设计，如此，对于传统网页的升级是比较合适的选择。

A.1 HTML 控件的基础属性

HTML 控件被分类在 System.Web.UI.HtmlControls 名称空间底下，表 A-1 列出本章即将介绍的各项 HTML 控件及说明。

表 A-1　HTML 控制及说明

HTML 控件	功能说明	使用的 HTML 标签
HtmlAnchor	超链接控件	<A>

HTML 控件	功能说明	使用的 HTML 标签
HtmlButton	按钮控件	\<Button\>
HtmlForm	窗体控件	\<Form\>
HtmlGenericControl	其他控件	\<DIV\>、\<Span\>、\<Font\>、\<Img\>
HtmlImage	图片控件	\<Img\>
HtmlInputButton	按钮控件	\<Input Type="Button ∣ Submit ∣ Reset"\>
HtmlInputCheckBox	复选框控件	\<Input Type="CheckBox"\>
HtmlInputHidden	输入隐藏控件	\<Input Type="Hidden"\>
HtmlInputImage	图片按钮控件	\<Input Type="Image"\>
HtmlInputRadioButton	单选项控件	\<Input Type="Radio"\>
HtmlInputText	输入文本框控件	\<Input Type="Text ∣ Password"
HtmlSelect	选单控件	\<Select\>
HtmlTable	表格控件	\<Table\>
HtmlTableCell	字段控件	\<Tr\>
HtmlTableRow	表格列控件	\<Td\>、\<Th\>
HtmlTextArea	定义多行的文本输入控件	\<Input Type="Button ∣ Submit ∣ Reset"\>

与 HTML 标签比较起来，HTML 控件只需事先设置 Id 与 Runat 属性，其他写法与 HTML 标签大多相同。

1. Attributes 属性

假设要设置一个 Id 名称为 Text1 的文字方法内容，其写法如下：

```
Text1.Value=value1;
```

Value 是名称为 Text1 控件的属性之一，还有另一种表达属性的方式，就是 Attributes 属性来指定，其用法如下：

```
Text1.Attributes["控件属性"]=value1;
```

这两种语法均合法，以下通过一个简单的范例进行讨论。

【范例 A-1】指定控件属性的两种写法。

SetAtt.aspx

```
<body>
    <form id="form1" runat="server">
        <p>
            <input type="Text" runat="Server" id="text1"
                name="text1" />
        </p>
        <p>
            <input type="Text" runat="Server" id="text2"name="text2" />
        </p>
    </form>
</body>
```

配置两个 input 标签示范服务器端的程序化设置，分别指定 runat="Server"，接下来切换至后置程序代码，针对其中 text1 与 text2 等两个控件进行内容文字设置。

```
protected void Page_Load(object sender, EventArgs e)
{
    text1.Value=" 一般的设置方式 ";
    text2.Attributes["Value"]=" 以 Attributes 属性设置 ";
}
```

其中以不同的语法，分别将一段指定的信息设置给 text1 及 text2 的 Value 属性。
程序运行结果如图 A-1 所示。

图 A-1 范例 A-1 程序运行结果

读者可以看到，经过 runat="Server" 的设置，可以在后置程序代码中，直接利用 C# 控制
HTML 标签的内容。

2. Disabled 属性

HTML 控件的 Disabled 属性决定了控件的作用与否，其值为布尔值。当某 HTML 控件
的 Disabled 属性值为 True 时，表示停止了此控件的作用；若为 False 时，则启用了此控件
的作用。Disabled 属性的设置最常使用在按钮控件上。

【范例 A-2】使用 Disabled 属性。

UDisabled.aspx

```
<body>
    <form id="form1" runat="server">
        <div>
            <input type="Button" runat="Server" id="Button1"
                name="Button1" />
            <input type="Button" runat="Server" id="Button2"
                name="Button2"
                onserverclick="Button2_ServerClick" />
        </div>
    </form>
</body>
```

配置两个测试用的 input 标签，并且将其 type 设置为 Button，如此呈现两个按钮，设置
runat="Server"，以支持后置程序代码的设置。

第二个按钮设置了 onserverclick 事件，当这个按钮被单击时，会运行 Button2_ServerClick。

```
protected void Page_Load(object sender, EventArgs e)
{
    Button1.Value=" 按钮一 ";
    Button2.Value=" 按钮二 ";
```

```
}
protected void Button2_ServerClick(object sender, EventArgs e)
{
    Button1.Disabled=!Button1.Disabled;
}
```

首先后置程序代码在网页加载时，重设 Value 属性。

当用户单击第二个按钮时，事件程序代码变更了 Button1 控件的 Disabled 为另一个值（True 变 False、False 变 True），造成第一个按钮不断地在失效与启用的状态间循环，如图 A-2、图 A-3 所示。

程序运行结果如图 A-2、图 A-3 所示。

图 A-2　按钮测试界面（一）　　　　　　　图 A-3　按钮测试界面（二）

当单击"按钮二"时，按钮一这个按钮控件便会失效，若再单击"按钮二"，便又恢复作用（与步骤一相同），同时请注意，按钮上的文字已经过后置程序代码的调整。

3. Visible 属性

HTML 控件的 Visible 属性决定了控件是否为可视的，其值与 Disabled 属性一样，也是个布尔值。Visible 属性值为 False 时，表示此控件被隐藏，变成在网页上看不到的控件；若为 True 时，则恢复正常，其默认值为 True。

虽然控件被隐藏，但是其作用依然是存在的，并没有被停用，只要取消隐藏，就可继续使用。

【范例 A-3】使用 Visible 属性。

Uvisible.aspx

```
<body>
    <form id="form1" runat="server">
        <input type="Text" runat="Server" id="Text1"
            name="Text1" />
        <input type="Button" runat="Server" id="Button1"
            name="Button1"
            onserverclick="Button1_ServerClick"/>
    </form>
</body>
```

其中配置两组 input 标签，并且设置 runat="Server"。

```
protected void Page_Load(object sender, EventArgs e)
{
    Button1.Value=" 按钮一 ";
    Text1.Value=" 会被隐藏的文字盒控件 ";
}
```

```
protected void Button1_ServerClick(object sender, EventArgs e)
{
    Text1.Visible=!Text1.Visible;
}
```

后置程序代码中，当用户单击按钮时，会变更 Text1 控件的 Visible 属性为另一个值（True 变 False、False 变 True），如此一来导致文本框在显示与隐藏的状态间切换。

程序运行时一开始加载网页，重设按钮与文本框的值，如图 A-4 所示。当单击"按钮一"时，文本框控件便会被隐藏（见图 A-5），若再单击"按钮一"，便又恢复可视状态。

图 A-4　程序运行界面

图 A-5　单击按钮一后的结果

4. Style 属性

HTML 控件的 Style 属性可设置控件的文字格式与外观样式，为平淡的控件增添颜色。其用法如下：

```
控件称 .Style(" 属性名称 ")
```

Style 属性名称代表了各式各样的设置，在此列出属性名称与其作用说明，如表 A-2 所示。

表 A-2　Style 属性名称及说明

Style 属性名称	说　　明
Font-Family	设置控件中的字体样式
Font-Size	设置控件中的字号，以点距 (pt) 为单位
Font-Style	设置控件中文字的斜体效果，Italic 为斜体，Normal 为一般
Font-Weight	设置控件中文字的粗体效果，Bold 为粗体，Normal 为一般
Background	设置控件的背景颜色
Color	设置控件的前景（文字）颜色
Text-Decoration	设置控件中文字的底线（Underline）、顶线（Overline）或无设置（None）
Text-Transform	设置控件中英文字母的大小写，全部转成大写 (Uppercase)、全部转成小写 (Lowercase) 或无设置 (None)

【范例 A-4】使用 Style 属性。

Ustyle.aspx

```
<body>
    <form id="form1" runat="server">
        <p>
            <input type="Text" runat="Server"
                id="Text1" name="Text1" />
        </p>
```

```
        <p>
            <input type="Button" runat="Server"
                id="Button1" name="Button1" />
        </p>
    </form>
</body>
```

简单的配置两组 <input>，以提供测试。

```
protected void Page_Load(object sender, EventArgs e)
{
    Button1.Value=" 按钮一 ";
    Text1.Value="HTML 文本框控件 ";
    Text1.Style["Font-Size"]="15pt";
    Text1.Style["Font-Family"]=" 标楷体 ";
    Text1.Style["Font-Weight"]="Bold";
    Text1.Style["Text-Transform"]="Lowercase";
    Button1.Value="HTML 按钮控件 ";
    Button1.Style["Font-Style"]="Italic";
    Button1.Style["Background"]="Yellow";
    Button1.Style["Color"]="Red";
    Button1.Style["Text-Decoration"]="Underline";
}
```

这段后置程序代码中依序设置各种样式项目，建立特定外观的文本框与按钮。

程序运行结果如图 A-6 所示。

图 A-6　范例 A-4 程序运行结果

通过 Style 设置，可以看到其中输出的文本框与按钮，与典型的控件有很大的差异。

5. 解译控件输出文字的属性

通常使用控件所输出的文字，会经过浏览器解译后输出至网页上，所以一旦输出文字中掺杂了 HTML 标签（例如断行符号
），或其他浏览器可解译的语法，在输出之前就会被解译并运行，这些被解译的文字并不会输出到网页上。

当输出文字要以被解译或不被解译的方式输出时，可用 InnerHtml 与 InnerText 属性来设置。

InnerHtml 属性会将输出文字先做属性 HTML 语法的解译再输出，而 InnerText 属性则不做解译的动作，将文字原封不动地输出到网页上。最常配合这两种属性使用的 HTML 控件是 Span 控件。

【范例 A-5】使用 InnerHtml 与 InnerText 属性。

UInnerText.aspx

```
<body>
    <form id="form1" runat="server">
        <div>
            <div>
                <span>LINE 1: </span><span id="Span1" runat="Server" />
            </div>
            <div>
                <span>LINE 2: </span><span id="Span2" runat="Server" />
            </div>
        </div>
    </form>
</body>
```

配置两组 <span> 以提供文字内容的测试之用，分别设置其 id 为 Span1 与 Span2。

```
protected void Page_Load(object sender, EventArgs e)
{
    Span1.InnerHtml="<br/>是断行符号";
    Span2.InnerText="<br/>是换行符号";
}
```

在后置程序代码中，分别针对 Span1 与 Span2，设置 InnerHtml 与 InnerText，并且在指定的消息正文中，包含一个 HTML 标签
，这个标签会导致断行的效果。

程序运行结果如图 A-7 所示。

图 A-5 范例 A-5 程序运行结果

由结果可看出，以 InnerHtml 属性输入至 Span1 控件的字符串内容中，
 明显地被解译并运行了，因此直接呈现断行效果，而以 InnerText 属性输入至 Span2 控件的字符串内容中，
 则被视为字符串完整地输出至网页上，当然也没有断行的情况出现。

本节介绍了 HTML 控件的属性，每个控件都有自己常用的属性，像是显示文字的 Span 控件，InnerHtml 与 InnerText 属性用得较多，需要设置控件的外观时，自然也会用到 Style 属性，可以视情况自行决定要用哪些共享属性。

A.2　基本的 HTML 控件

了解一般的属性设置，下面继续针对重要的 HTML 标签进行讨论。

1. 超链接控件（HtmlAnchor）

此控件为链接至其他网页的最佳工具，也就是所谓的超链接，其语法如下所示：

```
<a Id=" 控件名称 "
    Runat="Server"
    Href=" 超链接路径 (URL)"
    Name=" 书籍名称 "
    OnServerClick="Click 事件处理程序 "
    Target=" 链接窗口的帧格式 "
    Title=" 快显文字 ">
    ...
</a>
```

（1）Href 属性：指定超链接路径时，要以 Href 属性来设置，设置的方法有相对地址与绝对位置两种。

相对地址是以目前运行网页的文件夹路径为运行路径，想要链接同一文件夹下的网页时，直接使用相对路径的写法，写出该文件名即可。而绝对地址的写法比较麻烦一点，要写出链接路径的完整路径与文件名，或者正确的网址名称。

（2）Name 属性：所设置的名称即为书签名称，可以将网页看成一本书，而控件就存在于书中的某一页。当然一个完整的网页会有许多控件，若每个控件有自己的书签名称，要找某一控件时，就可由书签快速找到该控件。

（3）Target 属性：链接到想要链接的网页时，此项属性设置了显示新网页的框架模式，其默认值会将链接网页显示在原来的窗口框架下。各框架的名称与说明如表 A-3 所示。

表 A-3　框架的名称及说明

框架名称	说　　明
_blank	将链接网页显示在新的窗口框架
_parent	将链接网页显示在父窗口框架
_self	将链接网页显示在原来的窗口框架
_search	将链接网页显示在搜索框架
_top	将链接网页以完整的窗口显示在原来的窗口框架

（4）Title 属性：此项属性设置了快显文字的内容，主要用来辅助该控件的说明语句。

【范例 A-6】使用 HtmlAnchor 控件。

UHtmlAnchor.aspx

```
<form runat="Server">
<p>
    <a id="A1" runat="Server"> 连接到博硕首页 </a>
</p>
    <p>
        <a id="A2" runat="Server"> 连接 UInnerText.aspx 网页 </a>
    </p>
</form>
```

配置两组 <a>，指定 runat="Server" 属性，以方便后置程序代码进行设置。

```
protected void Page_Load(object sender, EventArgs e)
{
```

```
        A1.HRef="http://www.drmaster.com.tw/";
        A1.Target="_blank";
        A1.Title="博硕";
        A2.HRef="UinnerText.aspx";
        A2.Target="_self";
        A2.Title="网页 UinnerText.aspx";
    }
```

逐一设置 <a> 的各项属性以提供超链接功能。

程序运行结果如图 A-8 所示。

图 A-8　范例 A-6 程序运行结果

除了显示指定的链接文字，第一个链接设置为 A1.Target = "_blank"，会在新的页签显示链接网页，第二个连接指定 A2.Target = "_self"，直接在目前的页签显示链接网页。

2．图片控件 (HtmlImage)

此控件的作用是将图片显示在网页上，并可利用该控件的属性，对图片的来源、大小等进行设置，其语法如下：

```
<Img Id="控件名称"
    Runat="Server"
    Alt="快显文字"
    Align="文字与图片间的排列方式"
    Border="边框宽度"
    Height="图片高度"
    Src="图片来源"
    Width="图片宽度">
```

(1) Alt 属性：此属性类似快显文字的功能，只是在图片无法显示时，也会出现此文字。

(2) Align 属性：这项属性设置了 Right、Left、Top、Middle 与 Bottom 等 5 种文字与图片之间的排列方式。

(3) Border 属性：用来设置图片边框的宽度，若不设置则图片就无边框。

(4) Height 与 Width 属性：分别设置了图片的高度与宽度。

(5) Src 属性：设置图片的文件路径与名称，与超链接的 Href 属性一样，有绝对地址与相对地址两种写法。

【范例 A-7】使用 UHtmlImage 控件。

UhtmlImage.aspx

```
<form id="form1" runat="server">
    <img id="Img1" runat="Server"/>
    <img id="Img2" runat="Server"/>
</form>
```

配置两组 <img>，并且于后置程序代码中，分别设置其属性。

```
protected void Page_Load(object sender, EventArgs e)
{
    Img1.Alt=" 无法显示图片 ";
    Img2.Align="Middle";
    Img2.Src="Images/IMG07.jpg";
    Img2.Border=5;
    Img2.Height=50;
    Img2.Width=100;
}
```

第一组 Img1 并没有设置任何图片来源的属性，指定 Alt 以测试其效果。

第二组 Img2 则逐一设置各项属性。

程序运行结果如图 A-9 所示。

图 A-9　范例 A-7 程序运行结果

因为上述设置没有指定第一张图片来源，所以运行结果中没有图片可以显示，出现预先指定的 Alt 属性消息正文。

A.3　输入控件（HtmlInput）

此类型的控件都没有结尾标记，包括按钮、输入文本框、输入隐藏、图片按钮、选取选项、单选项、文本块、选单等控件。

1. 输入文本框控件（HtmlInputText）

输入文本框控件可供客户端输入数据，例如姓名、密码等文字数据，并将这些文字以一般或者保密的方式，显示在输入文本框中，其语法如下：

```
<Input Type="Text | Pawssword"
```

```
        id=" 控件名称 "
        runat="Server"
        MaxLength=" 允许客户端输入的文字长度 "
        Size=" 边框宽度 "
        Value=" 文本框内容 ">
```

（1）显示文字类型：若设置 Type=Text，客户端输入的文字会正常地显示在文本框中；若设置 Type=Password，客户端输入的文字则会以 "*" 符号来表示，通常用在输入密码的文本框中。

（2）Maxlength 属性：此属性限定客户端输入文字的有效长度。

（3）Size 属性：这项属性设置输入文本框的长度。

（4）Value 属性：可用来设置或读取输入文本框的内容，但 Type=Password 时，无法默认 Value 属性。

【范例 A-8】使用 HtmlInputText 控件。

```html
<body>
    <form id="form1" runat="server">
        <p>
            请输入名称:
            <input type="Text" id="Text1" runat="Server" />
        </p>
        <p>
            请输入密码:
            <input type="Password" id="Password1" runat="Server" />
        </p>
        <p>
            <button id="Button1" runat="Server"
                onserverclick="Button1_ServerClick">
                按钮</button>
        </p>
        <p><span id="Span1" runat="Server" /></p>
        <p><span id="Span2" runat="Server" /></p>
    </form>
</body>
```

配置两个文本输入框，让用户可以输入名称与密码。

另外配置一个按钮，设置 OnServerClick 事件属性，当用户单击时，响应预先指定的消息正文。

UhtmlInputText.aspx

```csharp
protected void Page_Load(object sender, EventArgs e)
{
    Text1.Size=10;
    Password1.MaxLength=5;
    Password1.Size=10;
}
protected void Button1_ServerClick(object sender, EventArgs e)
{
    Span1.InnerText=Text1.Value+" 您好 ";
```

```
        Span2.InnerText=" 您输入的是密码是: "+Password1.Value;
    }
```

在网页一开始加载时设置 Password1 的 MaxLength 最多只能输入 5 个字符，当用户单击按钮时，以 Value 属性取得 Text1 与 Password1 的内容，显示在 <span>。

程序运行结果如图 A-10 所示，用户在其中输入名称与密码，单击按钮，网页下方就会出现相关的响应消息，如图 A-11 所示。

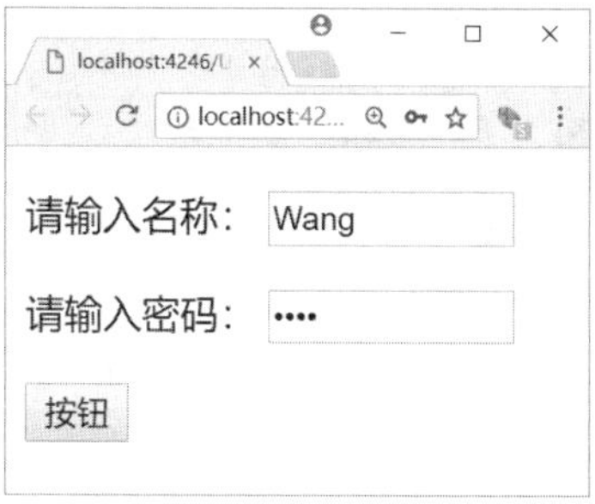

图 A-10　范例 A-8 程序运行结果

图 A-11　显示响应消息

2. 按钮控件 (HtmlInputButton)

按钮控件有 3 种不同类型的按钮，其语法如下：

```
<input Type="Button | Submit | Reset "
    id=" 控件名称 "
    runat="Server"
    OnServerClick="Click 事件处理程序 "
>
```

当 Type=Button 时，是一个典型的按钮；当 Type=Submit 时，该触发事件会将客户端的数据（例如文字盒的内容）传送到服务器端；当 Type=Reset 时，其触发事件会将网页上的控件重新设置为初始的状态。

【范例 A-9】使用 HtmlInputButton 控件。

UHtmlInputButton.aspx

```
<body>
    <form id="form1" runat="server">
        <input type="Text" id="Text1" runat="Server"
            value=" 文本框的默认内容 "   />
        <input type="button" id="Button1" runat="Server"
            value="Button 按钮 " onserverclick="Button1_ServerClick" />
        <input type="submit" id="Submit1" runat="Server"
            value="Submit 按钮 " />
        <input type="reset" id="Reset1" runat="Server"
            value="Reset 按钮 " />
    </form>
</body>
```

配置三组按钮以及一组控件，分别示范不同类型的按钮效果，其中典型的 Button 类型

<input> 同时设置 onserverclick 事件。

后置程序代码仅针对用户单击类型为 button 的按钮时做出响应，取出文本框中的内容，并且进行输出。

```
protected void Button1_ServerClick(object sender, EventArgs e)
{
    Response.Write(" 已送出的文本框内容: " + Text1.Value);
}
```

程序运行结果如图 A-12 所示。

图 A-12　范例 A-9 程序运行结果

这是一开始网页加载的默认内容，其中的文本框显示预先设置的文字，如果单击"Button 按钮"，结果如图 A-13 所示。

图 A-13　单击"Button 按钮"后的结果

其中取得文本框的内容文字，然后输出。接下来单击"Submit 按钮"，会重新送出网页，因此回到原来的界面，如图 A-14 所示。

图 A-14　单击"Submit 按钮"的结果

尝试在文字块输入任意文字，并且单击「Reset 按钮」，其中文本框的内容被清空回到原始设置值。

经过上述的示范操作，相信读者对于不同类型的按钮有更进一步的认识。

3. 图片按钮控件 (HtmlInputImage)

此控件具有按钮的基本功能，并美化了一般的按钮外观。它使用图片代替固定的按钮外观，所以也具有图的基本设置。其语法如下：

```
<Input Type="Button | Submit | Reset"
    id=" 控件名称 "
```

```
          runat="Server"
          Src="图片来源"
          Align="文字与图片间的排列"
          Alt="快显文字"
          OnServerClick="Click事件处理程序"
          Width="图片宽度">
```

　　图片按钮控件的属性在前面介绍过，但是在设置 OnServerClick 的程序 (Sub) 时，与一般按钮或 Page 事件过程的参数设置值不同。

　　一般按钮的参数传递值：

```
Sub Button1_Click(Sender As Object , e as EventArgs)
     …
End Sub
```

　　图片按钮的参数传递值：

```
Sub Button1_Click(Sender As Object , e as InputImageEventArgs)
     …
End Sub
```

　　InputImageEventArgs 提供与图片有关的信息，例如，可以通过参数的 X 与 Y 属性的引用，取得按钮点击位置相对于图片的坐标。

　　【范例 A-10】使用 HtmlInputImage 控件。

UHtmlInputImage.aspx

```
<body>
    <form id="form1" runat="server">
        <p <b>请单击您想要说明的图片：</b></p>
        <input type="Image" id="InputImage1"
            runat="Server" width="100"
            src="Images/IMG01.jpg"
            onserverclick="InputImage1_ServerClick" />
        <input type="Image" id="InputImage2"
            runat="Server" width="100"
            src="Images/IMG02.jpg"
            onserverclick="InputImage2_ServerClick" />
        <p>    <span id="Span1" runat="Server" /></p>

    </form>
</body>
```

　　配置两组 <input>，并且分别设置其 type="Image"，然后设置 onserverclick 事件，在后置程序代码中，响应图片按钮的单击操作。

```
protected void InputImage1_ServerClick(object sender, ImageClickEventArgs e)
{
    Span1.InnerHtml="松山诚品<br/>X:"+e.X+" - Y:"+e.Y ;
}
protected void InputImage2_ServerClick(object sender, ImageClickEventArgs e)
{
    Span1.InnerHtml="早餐时光<br/>X:"+e.X+" - Y:"+e.Y;
}
```

　　当用户单击任何一个按钮时，除了显示此按钮图片的说明外，另外取得单击位置的图片相对坐标。

程序运行结果如图 A-15 所示。单击任何一张图片，会出现图片的说明，并同时显示单击图片时的坐标位置，如图 A-16 所示。

图 A-15　范例 A-10 程序运行结果　　　图 A-16　显示说明及坐标

图片按钮不仅使按钮外观有更多样化的选择，还可以让用户很直觉地使用，相当实用。

4. 选取选项控件（HtmlInputCheckBox）

此控件在网页上是个空白的小方框□，可供客户端勾选选项，这些选项是由服务器端事先建立出来的。当有多个选项时，可以勾选单一或多个选项。其语法如下：

```
<Input Type="CheckBox"
    id=" 控件名称 "
    runat="Server"
    Checked>
```

Checked 属性：设置属性时写出 Checked，表示此控件的默认值是被勾选的，若不写出 Checked，则该选项未被勾选。当在程序中要判断选取选项是否被勾选时，可用 Checked=true 或 false 来判断。Checked=true 时，表示此核取选项已被勾选；Checked=false 时，表示此选取选项未被勾选。

【范例 A-11】使用 HtmlInputCheckBox 控件。

UHtmlInputCheckBox.aspx

```
<body>
    <form id="form1" runat="server">
        <p>你有哪些交通工具呢? </p>
        <input type="CheckBox" id="CheckBox1"
            runat="Server" />飞机 <br />
        <input type="CheckBox" id="CheckBox2"
            runat="Server" checked="checked" />汽车 <br />
        <input type="CheckBox" id="CheckBox3"
            runat="Server" />摩托车 <br />
        <input type="CheckBox" id="CheckBox4"
            runat="Server" />脚踏车 <br />
        <input type="Button" id="Button1" runat="Server"
            onserverclick="Button1_ServerClick" value=" 选取 " />
        <span id="Span1" runat="Server" />
    </form>
```

```
</body>
```

配置数个 <input>，设置 type="CheckBox" 以建立复选框，其中第二组标签设置 checked="checked"，如此网页加载时这个项目默认为选取状态。

当用户单击界面上的按钮时，运行这段程序代码，逐一查看是否任何复选框被选取，如果是，记录其代表的项目文字，将其显示在界面上。

```
protected void Button1_ServerClick(object sender, EventArgs e)
{
    int Counter=0;
    string Tools=null;
    if (CheckBox1.Checked==true)
    {
        Counter+=1;
        Tools+=" 飞机 ";
    }
    if (CheckBox2.Checked==true)
    {
        Counter+=1;
        Tools+=" 汽车 ";
    }
    if (CheckBox3.Checked==true)
    {
        Counter+=1;
        Tools+=" 摩托车 ";
    }
    if (CheckBox4.Checked==true)
    {
        Counter+=1;
        Tools+=" 脚踏车 ";
    }
    Span1.InnerText=" 您共有 "+Tools+Counter+" 种交通工具 ";
}
```

程序运行结果如图 A-17 所示。

图 A-17　范例 A-11 程序运行结果

在加载网页中，选取想要选择的项目，最后单击按钮，会显示所选取的内容项目。

5．单选项控件 (HtmlInputRadioButton)

此控件在网页上是个空白的小圆圈，当客户端点选此选项后，其中会出现一个黑色圆点。单选项控件与选取选项控件的作用相同，只是单选项控件只能做单一的选择，也就是说在多个单选控件中，最多只有一个选项可以被选取。其语法如下：

```
<Input Type="Radio"
    id=" 控件名称 "
    runat="Server"
    Checked
    Name=" 组名 ">
```

Name 属性：与前面说的 Name(书签)属性不一样，在单选项控件中，Name 属性设置了组名。假设在同一网页中，需要两组的单选项控件（例如性别与血型，都是单选项），这时就要以组名来设置该控件属于哪一个组的选项。

【范例 A-12】使用 HtmlInputRadioButton 控件。

UHtmlInputRadioButton.aspx

```
<body>
    <form id="form1" runat="server">
        <p>ASP.NET 是哪一家公司的技术呢 ？ </p>
        <input type="Radio" id="Radio1" runat="Server"
            name="Group1" />Microsoft
        <input type="Radio" id="Radio2" runat="Server"
            name="Group1" />Google
        <input type="Radio" id="Radio3" runat="Server"
            name="Group1" />facebook
        <p>  <p>   <span id="Span1" runat="Server" /></p></p>
        <p>facebook 创办人  ?</p>
        <input type="Radio" id="Radio4" runat="Server"
            name="Group2" />
        祖克伯
        <input type="Radio" id="Radio5" runat="Server"
            name="Group2" />
        比尔·盖茨
        <input type="Radio" id="Radio6" runat="Server"
            name="Group2" />
        杰克·李奇
        <p>   <span id="Span2" runat="Server" /></p>
        <p>
            <input type="Button" id="Button1" runat="Server"
                value=" 选择后按此钮 "
                onserverclick="Button1_ServerClick" />
        </p>
    </form>
</body>
```

配置两组的 Radio，Radio1、2、3 与 Radio4、5、6 的 name 分别指定为 Group1 与 Group2，以分成两个组。

最后的按钮设置 onserverclick 属性，在用户单击按钮时，查看点选的项目并输出结果。

```
protected void Button1_ServerClick(object sender, EventArgs e)
{
    if (Radio1.Checked==true)
    {
        Span1.InnerText=" 答对了，就是 Microsoft";
    }
    if (Radio2.Checked==true)
    {
        WrongManage1(" 答错了，Microsoft");
    }
```

```
        if (Radio3.Checked==true)
        {
            WrongManage1("答错了，Microsoft");
        }
        if (Radio4.Checked==true)
        {
            Span2.InnerText="答对了，就是祖克伯";
        }
        if (Radio5.Checked==true)
        {
            WrongManage("答错了，是祖克伯");
        }
        if (Radio6.Checked==true)
        {
            WrongManage("答错了，是祖克伯");
        }
        }
        public void WrongManage1(string message)
        {
            Span1.InnerText=message;
        }
        public void WrongManage(string message)
        {
            Span2.InnerText=message ;
        }
    }
```

后置程序代码检查每一个 Radio 的 Checked 属性，并且将其结果合并说明进行输出。

程序运行结果如图 A-18 所示。

图 A-18　范例 A-12 程序运行结果

选择其中的选项，再单击"选择后按此钮"，即可出现答案。

在判断选项是否被选取的程序部分，使用 If 判断式来进行判断，虽然简单，但却造成冗长的程序代码。在此可利用单选控件的 Value 属性代表此控件的内容，设置 Value 属性后，再以 Request 对象取得同一组中被选取选项的内容。

【范例 A-13】利用单选项控件的 Value 属性。

UHtmlInputRadioButton.aspx

```
<body>
    <form id="form1" runat="server">
```

```
      <p>ASP.NET 是那一家公司的技术呢？</p>
      <input type="Radio" id="Radio1" runat="Server"
         name="Group1" value="Microsoft" />Microsoft
      <input type="Radio" id="Radio2" runat="Server"
         name="Group1" value="Google" />Google
      <input type="Radio" id="Radio3" runat="Server"
         name="Group1" value="facebook" />facebook
      <p>facebook 创办人 ?</p>
      <input type="Radio" id="Radio4" runat="Server"
         name="Group2" value="祖克伯" />祖克伯
      <input type="Radio" id="Radio5" runat="Server"
        name="Group2" value="比尔·盖茨" />比尔·盖茨
      <input type="Radio" id="Radio6" runat="Server"
        name="Group2" value="杰克·李奇" />杰克李奇
      <p><span id="Span1" runat="Server" /></p>
      <p>
          <input type="Button" id="Button1" runat="Server"
             value="选择后按此钮"
             onserverclick="Button1_ServerClick" />
      </p>
   </form>
</body>
```

这一个版本的单选 Radio 加上 Value 属性，并设置属性值为显示的字符串。
而显示信息的 <span> 则保持一组即可。

```
protected void Button1_ServerClick(object sender, EventArgs e)
{
    Span1.InnerHtml=
      "您的答案是 " + Request["Group1"]+
      " 与 " + Request["Group2"]+
      "<br/>正确答案是 Microsoft 与 祖克伯";
}
```

后置程序代码中，取得用户点选的组值，再实时输出即可。

程序运行结果如图 A-19 所示。

图 A-19　范例 A-13 程序运行结果

这一次单击按钮之后，相关信息集中选示在下方。

6. 输入隐藏控件（HtmlInputHidden）

此控件虽然是存在于网页上的控件，但客户端却无法在网页上看见其踪迹。此控件最常用来传送一些客户端不需要输入的数据到服务端上（例如上次注册时间、登录次数等）。某些不想让客户端看见的信息，也可以写在此控件中。其语法如下：

```
<Input Type="Hidden"
    id=" 控件名称 "
    runat="Server"
    Value=" 传送至服务器的数据 ">
```

【范例 A-14】使用 HtmlInputHidden 控件。

UHtmlInputHidden.aspx

```
<body>
    <form id="form1" runat="server">
        <input type="Hidden" id="Hidden1" runat="Server"
            value=" 输入隐藏控件的默认值 " />
        请输入新字符串：
        <input type="Text" runat="Server" id="Text1" /><br/>
        <br/>
        <input type="Submit" id="Submit1" runat="Server"
            onserverclick="Submit1_ServerClick" /><br/>
        <br/>
        <span id="Span1" runat="Server"  />
    </form>
</body>
```

其中，配置一个 Hidden 类型的 <input>，用来存储暂时性的数据。

使用单击按钮，将文本框的值存储至 Hidden 类型的 <input> 当中。

```
protected void Page_Load(object sender, EventArgs e)
{
    Submit1.Value=" 输入后按此钮 ";
    if (Page.IsPostBack==true)
    {
        Span1.InnerText=" 上次的输入数据为: " + Hidden1.Value ;
    }
    else
    {
        Span1.InnerText=" 尚无上次输入数据 ";
    }
}
protected void Submit1_ServerClick(object sender, EventArgs e)
{
        Hidden1.Value=Text1.Value;
}
```

程序运行结果如图 A-20 所示。

输入任意文字后单击接下来的画面中，显示上一次隐藏的数据"输入后按此钮"，由于第一次没有任何数据，因此无法取出数据内容，如图 A-21 所示。

再次单击"输入后按此钮"，会看到出现隐藏的数据，也就是输入的 HELLO 字符串，如图 A-22 所示。

图 A-20 范例 A-14 程序运行结果

图 A-21 第一次单击按钮结果　　　　图 A-22 再次单击按钮结果

输入控件的用法与其他 HTML 控件大同小异，只要能熟悉各控件属性，使用起来就会更加得心应手。

7. 文本块控件（HtmlTextArea）

此控件可供客户端输入多行文字（输入文本框控件只能输入一行文字），最常被使用在类似留言板这样的多行文本块。其语法如下：

```
<TextArea id=" 控件名称 "
    runat="Server"
    Cols = " 每行文字的长度 "
    Rows=" 文字的行数 "
    OnServerChange="Change 事件的处理程序 ">
    ...
</TextArea >
```

（1）Cols 属性：此属性设置文本块在网页上所显示的长度。

（2）Rows 属性：此属性设置文本块在网页上所显示的行数。

（3）OnServerChange 属性：此属性与 OnServerClick 触发事件的作用方式相同，而文本块的内容发生变化是事件触发的起因。

【范例 A-15】使用 HtmlTextArea 控件。

UHtmlTextArea.aspx

```
<body>
    <form id="form1" runat="server">
        您对本站有何建议呢？
        <br/>
        <textarea id="Textarea1" runat="Server"
            cols="20" rows="3" />
```

```
        <input type="Submit" id="Submit1" runat="Server"
            onserverclick="Submit1_ServerClick"  />
        <br/>
        <span id="Span1" runat="Server" />
    </form>
</body>
```

以上代码配置 <textarea> 让用户输入一行以上的文字。

当用户单击"提交"按钮时，取得 <textarea> 中的文字，合并信息输出。

```
protected void Submit1_ServerClick(object sender, EventArgs e)
{
    Span1.InnerHtml=" 您的建议是 :"+"<br/>"+Textarea1.Value;
}
```

输入信息后，程序运行结果如图 A-23 所示。

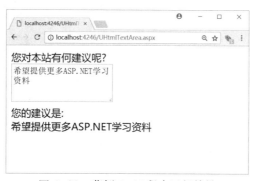

图 A-23　范例 A-15 程序运行结果

8. 选单控件 (HtmlSelect)

在多选项的选项控件中，选单控件可用下拉列表的方式列出选项，与复选框及单选项控件比较起来，比较节省网页界面的空间。其语法如下：

```
<Select
    id=" 控件名称 "
    runat="Server"
    Items=" 选项的集合 "
    OnServerChange=" 变化事件的处理程序 "
    Size=" 选项列表的显示个数 "
    Value=" 目前已被选择的选项内容 "
    <Option> 选项 1</Option>
    <Option> 选项 1</Option>
        …
    <Option> 选项 n</Option>
</Select>
```

（1）Items 属性：可利用 Items 的 Add、Remove 或 Clear 等方法，来增加、清除单一或清除全部列表中的选项。

（2）OnServerChange 属性：此事件的触发起因是选项内容被改变。

（3）Size 属性：设置选单控件选项出现于网页上的个数。

（4）Value 属性：取得目前被选取的选项内容。

（5）<Option> 块：此块间的内容即为列表中的各个选项，可以事先建立这些默认选项。

【范例 A-16】使用 HtmlSelet 控件。

UHtmlSelet.aspx

```
<body>
    <form id="form1" runat="server">
        请选择您的性别与名称<br />
        <div >
            <select id="Select1" runat="Server" size="2">
                <option> 男 </option>
                <option> 女 </option>
            </select>
        </div>
        <div>
            <select id="Select2" runat="Server">
                <option> 王大明 </option>
                <option> 李小华 </option>
            </select>
        </div>
        <input type="Submit" id="Submit1" runat="Server"
            onserverclick="Submit1_ServerClick" /><br />
        <span id="Span1" runat="Server" />
        <div>
            若要添加名称请输入于文本框中 <br />
            <input type="Text" id="Text1" runat="Server" />
            <input type="Button" id="Button1" runat="Server"
                onserverclick="Button1_ServerClick" /><br />
        </div>
    </form>
</body>
```

以上代码配置 <select>，提供选单功能让用户通过选取得想要输入的数据。

在后置程序代码中，当使用单击 Submit1 按钮时，取得用户选取的数据并且输出到界面中。如果用户单击的是 Button1 按钮，则将一个指定的项目，加入目前的姓名选单中。

```
protected void Page_Load(object sender, EventArgs e)
{
    Button1.Value=" 送出添加名称 ";
    Submit1.Value=" 送出选择结果 ";
}
protected void Button1_ServerClick(object sender, EventArgs e)
{
        Select2.Items.Add(Text1.Value);
}
protected void Submit1_ServerClick(object sender, EventArgs e)
{
    if (Select1.Value==" 男 ")
    {
        Span1.InnerText = Select2.Value+" 先生您好 ";
    }
    else if (Select1.Value==" 女 ")
    {
            Span1.InnerText=Select2.Value + " 小姐您好 ";
    }
    else
    {
```

```
        Span1.InnerText="您尚未选择性别，请重新选择。";
    }

}
```

程序运行结果如图 A-24 所示。

图 A-24　范例 A-16 程序运行结果

图 A-24 是一开始加载的界面，选取其中的性别与姓名，单击 " 送出选择结果 " 按钮，结果如图 A-25 所示。

图 A-25　选取性别与姓名后的结果

在文本框中输入想要添加的名称，例如 SEAN，单击 " 送出添加名称 " 按钮，当网页重载之后，展开下拉列表会发现其中出现了添加的名称，如图 A-26 所示。

图 A-26　添加名称

SQL 简介

ADO.NET 对象由 SQL 语句与后台数据库进行沟通，本书专注在 ASP.NET 技术的讨论，范例仅运用了简单的 SQL，并没有针对 SQL 细节进行讨论。由于 SQL 技术在数据库领域扮演着相当重要的关键角色，因此这里针对其中的语法细节进行更详细的说明。

B.1 SQL 概述

SQL 从其功能面来看，主要可以被成三大类：DDL、DML 以及 DCL，如表 B-1 所示。

表 B-1　SQL 的种类及说明

SQL 的种类	说　明
Data Definition Language (DDL)	建立调整以及移除数据库对象，如建立数据表，调整域名等操作
Data Manipulation Languate(DML)	数据的搜寻以及异动等操作的语法
Data Control Language (DCL)	提供数据库安全的相关 SQL 语句

SQL 是一种用以支持建立、维护以及查询操作的数据库操作专属语言，表 B-1 中的内容可以让用户大略了解其功能。SQL 本身的学习与使用并不困难，通常应用程序只需将一段设计好的 SQL 语句传到数据库的 SQL 解译引擎，由数据库本身进行数据异动，或回传数据表特定字段的数据记录。而使用 SQL 最大的障碍在于如何利用 SQL 组织商业逻辑，建立复杂的 SQL 叙述取得所需要的数据内容。

SQL 并非某个软件厂商开发出来的程序语言，它是标准组织制定的工业级标准，被普遍地运用在各种流行的关系数据库，学习 SQL 最大的好处在于当用户了解 SQL 语法后，便可以将其应用于任何支持 SQL 语法的数据库系统。本书使用微软所开发的 SQL Server 数据库系统作为示范数据库。

通常也可以将其应用于其他的数据库系统，例如 Oracle，但必须注意的是，尽管 SQL 已经成为一种标准，但是各家数据库厂商为了功能性的考虑，会针对自行开发的数据库技术，扩充标准的 SQL 语法，这些扩充的语法在各种异类数据库之间并不兼容。因此，了解标准的 SQL 之后，还必须针对扩充的 SQL 进行了解，才能有效地发挥数据库的功能。

B.2　SELECT 语句与数据返回

本节从 DML 语法开始作探讨，DML 依据各种条件式逻辑运算，返回 SQL 整理过后的数据内容。DML 本身由几种主要的语句所组成，其中最重要者为 SELECT 语句，商业级的数据库应用程序，最常使用 DML 语句进行报表的制作，接下来的内容针对 SELECT 进行详细的说明。

SELECT 语句中最简单的格式如下：

```
SELECT fld_Name FROM tb_Name
```

其中，tb_Name 为数据库中指定返回数据的数据表名称，fld_Nam 用于指定数据表中的特定域名。例如，以下语句可以返回 Orders 数据表中所有的 OrderID 值：

```
SELECT OrderID From Orders
```

这是一段相当简单的 SQL 语法，SQL 语法之间可以通过不同的组合形成一段更复杂的 SQL，而实际应用程序所使用的 SQL 均相当复杂，同时必须搭配其他数据存储的相关技巧才能完成资料的查询与返回，SELECT 可以算是 SQL 语法中最重要，使用最频繁的 SQL 语句，通常都由指定所要摘取的数据表以及相关字段取得所需的数据内容。

SELECT 必须搭配 FROM 子句进行数据表的读取，FORM 关键词后面紧接的数据表名称为所要搜寻的数据表，FROM 与 SELECT 之间则是所要返回的字段内容，星号（*）代表想要返回所有的字段内容。也可以将不同的字段名以逗点隔开，指定返回特定的字段。相关例如：

```
SELECT OrderID , CustomerID , OrderDate FROM Orders
```

这一段 SQL 语句取得 Orders 数据表中，OrderID 及 CustomerID 这两个字段中的所有数据。也可以返回一个指定数据表中的所有数据，其语句如下：

```
SELECT * From Orders
```

由于星号会返回所有的数据内容，除非真的需要取回所有的字段数据，否则尽量指定所要返回的字段内容。

SQL 对于查找数据的操作弹性非常大，它可以返回整个数据表的内容，或者只返回特定的字段内容，因此为了效能上的考虑，限制数据的返回字段是必需的，尤其以 Web 为基础的网页应用程序，数据的传送必须通过网络来进行，选择性地返回数据将显得更为重要。

B.3　WHERE 子句

除了简单地返回整个数据表特定字段中的所有数据，还可以使用 WHERE 子句进一步限制返回的数据笔数，WHERE 子句的主要用途在于将筛选数据结合 SQL 查询语法返回结果，同时限制并且过滤返回的数据内容。

一般来说，我们不需要将整个数据表的数据返回（例如 Order 数据表），也许用户只是想通过网络取得今日的订单数据，或者未处理、逾期的订单数据内容，这一类数据的过滤操作必须要由 WHERE 子句来完成，将搜寻条件与 SELECT 语句串在一起以返回符合特定条件的记录，语句如下：

```
SELECT * FROM Orders WHERE CustomerID=3600
```

这段语句返回 Orders 数据表中，客户编号等于 3600 的这位客户的所有订单记录，若找不到相关数据，则返回一个空的数据集。

WHERE 子句同时允许结合数学的比较运算符号完成数据的筛选操作，一次返回特定范围的一组数据。例如：

```
SELECT*FROM Orders WHERE CustomerID<=3600
```

此段 SQL 语句会返回编号小于或等于 3600 的客户所下的订单记录，而除了 <=，其他 >、<、=、<> 以及 >= 等比较运算符号，同样可以被运用 SQL 的 WEHERE 表达式中。

WHERE 子句的功能相当强大，除了上述的比较符号，SQL 本身还支持使用 AND、OR 以及 NOT 语句同时结合多个条件值，以建立更加复杂的搜寻条件值。例如，以下这段语句结合上述两段语句，回传客户编号小于或等于 3600 以及订单编号等于 6400 的所有订单记录，其中的 AND 串联两个条件，只有同时符合这两个条件的数据才会被返回：

```
001  SELECT * FROM Orders WHERE CustomerID<=3600 AND OrderID=6400
```

除了使 AND 语句之外，BETWEEN 可以提供一种比较方便的叙述方式，例如，以下的范例程序代码，其中取得客户编号位于 1200 与 1400 这两个编号之间的客户订单：

```
SELECT*FROM  Orders  WHERE
CustomerID>=1200 AND  CustomerID<=1400
```

有时用户需要的数据也刚好是非指定条件式所返回的内容，可以使用 NOT 返回与条件值完全相反的结果，下面的程序用以取得订单数据表中，客户编号小于或等于 50 以及订单编号小于 100 的数据内容：

```
SELECT*FROM Orders WHERE
NOT  (CustomerID<=50  AND  OrderId<100 )
```

同时在一个 WHERE 表达式中使用 OR、AND 或是 NOT，必须注意其运算顺序，基本上其规则与一般的数学运算一致，其中可以利用"( )"来指定条件值的执行顺序。一般来说，放置于括号里的条件语句，将会首先被执行。

B.4 模糊比对

当所要筛选的数据内容并非针对特定条件时，必须借助 SQL 语法另外提供的模糊比对子句 LIKE 以及 IN，进行条件比对，其中 LIKE 用于制作模糊比对的功能。例如：

```
SELECT * FROM Customers WHERE City  LIKE  '台%'
```

这段语句会将 Orders 数据表中客户地址的城市名称第一个字为"台"的数据返回，其中不管客户地址是台北、台南或者台中的数据均会被返回。

另一条语句 IN 则允许用户明确地指定数个特定条件值。例如，以下的语句返回客户地址为"高雄市"以及"台北市"的相关数据：

```
SELECT * FROM Cutomers WHERE City IN ('高雄市','台北市')
```

同样，AND 等语句用来连接这些不同的语句以达到结合多重搜寻条件的效果。例如，当用户想要取得客户编号位于 1020 与 1000 这两个编号之间以及客户地址城市为"高雄市"以及"台北市"的相关客户订单，可以结合其中的条件值如下：

```
SELECT * FROM Customers
WHERE
City IN ('高雄市','台北市')  AND  CustomerID BETWEEN  1020  AND 1000
```

B.5　排序以及聚合函数

除了筛选特定的数据内容，SQL 同时允许用户针对指定的数据进行排序以及群组操作，主要由 ORDER BY 以及 GROUP BY 这两个子句来完成。

1. ORDER BY

ORDER BY 子句专门用以将输出的数据根据特定字段进行排序，例如，以下语句返回的数据以 OrderDate 字段的值进行排序输出。

```
SELECT * FROM Customers WHERE CustomerID<=1020 ORDER BY Address
```

数据的排序可以分成两种：由小至大或者由大至小，在 SQL 的术语里称为升序或者降序。一般而言，ORDER BY 语句排序时，默认以升序的方式排序，也可以使用 DESC 调整数据排序的方式，以降序的方式输出。如下这段叙述将会造成输出数据以降序的方式来排序。

```
SELECT * FROM Customers WHERE
CustomerID<=1020 ORDER BY OrderDate DESC
```

2. GROUP BY

除了筛选过滤及排序输出，让数据本身变成有用数据的最重要操作在于数据分组，以一般贸易所需的订单明细数据表为例，通常用户会想要将其中属于同一笔订单的数据可能会有好几笔，需将属于同一张订单的明细数据合并求和，输出每一笔订单的订单总金额。

GROUP BY 子句可以让用户达到进行数据求和的目的，这个子句强迫数据根据指定的字段分组输出，因此指定字段中相同的数据只会输出一次：

```
SELECT OrderID FROM OrderDetail WHERE
CustomerID<1020 GROUP BY OrderID
```

这段 SQL 语句将输出的数据以 OrderID 分组，因此执行此段 SQL 语句，OrderID 的数据只会输出一次。

使用 GROUP BY 子句必须特别注意的是，所有输出字段都必须是一并的分组，例如上述的分组语句若想要显示两个字段必须改写如下，此时数据的输出会先以 OrderID 字段对 OrderDetail 数据表的数据进行分组，完成之后，再进一步将同一个 OrderID 的数据以 CustomerID 进行分组：

```
SELECT OrderID,CustomerID
FROM
OrderDetail
WHERE
CustomerID<1020  GROUP BY  OrderID , CustomerID
```

3. 聚合函数

聚合函数用以针对特定字段数据进行汇整，以上述 GROUP BY OrderID 字段的输出结果为例，可以在这个字段的后面，以聚合函数输出 " 金额 " 字段，这个字段为同一个 OrderID 记录所有的订单总金额，所使用的语句如下，其中同样 OrderID 的数据笔数，会被求和输出。

```
SELECT OrderID , COUNT(OrderID)
FROM
OrderDetail
WHERE
```

```
CustomerID<1020 GROUP BY OrderID
```

搭配群组运算，SQL 提供特定的聚合函数，这些函数将指定的数据字段按其运算模式做群组求和、计算笔数或者求平均值等，应用程序可以善用这些聚合函数将数据进行有效的整理输出以提供用户有用的信息。可供使用的聚合函数如表 B-2 所示。

表 B-2　可使用的聚合函数

函　　数	说　　明	函　　数	说　　明
SUM()	取出分组数据所有域值的总和	MIN()	取出分组数据字段的最小值
COUNT()	取出分组数据所有数据的笔数	MAX()	取出分组数据字段的最大值
AVG()	取出分组数据字段的平均值		

4. HAVING 子句

HAVING 子句是一种用途类似 WHERE 的语句，其中的差异在于 HAVING 专门用以筛选群组后的数据内容。例如：

```
SELECT OrderID FROM OrderDetail
WHERE
CustomerID<60
GROUP BY OrderID HAVING OrderID<500
```

这段语句会将客户编号小于 60 的数据分组后，将其中订单编号小于 500 的数据筛选出来，可以使用 HAVING 关键词过滤已经分组的数据，即使是应用聚合函数的域值，也同样可以使用 HAVING 过滤：

```
SELECT OrderID, SUM(Quantity)
FROM
OrderDetail
WHERE
OrderID<1020  GROUP BY OrderID HAVING SUM(Quantity)<5000
```

使用这段语句会将 OrderDetail 数据表中，同一张订单金额小于 5 000 的资料筛选出来。